U0144646

凝煉知識品味閱讀

網路商品銷售王

正面評價100%
Yahoo奇摩拍賣 銀牌人氣賣家
陳志勤 著

書泉出版社 印行

推薦序

「視覺設計」與「行銷文案」對企業經營的重要性日益提升，甚至已經達到戰略性的關鍵地位。

網路商店的發展，從過去的B2B、B2C、C2C，到現在新型的消費模式O2O，一開始的競爭項目，是商品價格便宜但要預購，接著除了價格便宜還要有現貨，再來還要有快時尚的商品力，到現在則是虛擬與實體店面的結合。而一間商店須具備的不只是上述那些條件，還要有品牌形象。

不管採用何種營銷模式，要在這資訊爆炸的眼球經濟時代異軍突起，都還是得倚賴視覺設計和行銷文案。

每間廠商都會努力拉近彼此的實力差距，差距弄的非常微小，降低售價、快速出貨、做促銷活動、花錢買關鍵字廣告等，當大家的實力越來越接近時，廠商拚到最後，依賴的終究是商品的創新、服務的品質、品牌的形象。

如今要建立品牌形象已經不是砸大錢買廣告，把店名擦亮秀大名氣而已了，而是用「視覺設計」與「行銷文案」去塑造自身的品牌形象。在這資訊透明化的時代，若將廣告費加諸在商品的售價中，顧客根本不會買單，因此要懂得如何用視覺設計與行銷文案的創意去提升商品價值。

比起投注大量的廣告費讓顧客到處都看得到你的商品，用視覺設計與行銷文案讓顧客記住你反而是更省力也最有效的做法，最終決勝負的關鍵點在於「品牌」，本書作者的經驗就是最好的例子。

MA女鞋專賣店　蔡庭瑜

107.01.20

前言

‧關於視覺設計——淺談美工與設計師的差別

關於「美工人員」與「設計師」這兩個頭銜之間的不同，始終是一個爭論不休的議題。以大眾眼光來看，不都是操作軟體、懂印刷流程等項目，把「視覺」這件事情搞定而已嗎？

錯，這兩個頭銜背後所蘊含的意義是完全不同的。

在我從事平面設計多年後，也漸漸明白了美工和設計師的差別，並曾跟好幾個同行朋友討論過這個話題，大致上得出相同的結論：兩個頭銜從一開始站的角度就不一樣。

美工是和客户面對面，設計師則是和客户站在同一陣線。

美工會專注在技術上的磨練，精通各種軟體操作，製作作品時，最優先考量的就是美的呈現，但這樣的作品或許比較適合做藝術品或是舉辦個人展覽，如果今天對上的是一般委案客戶，他可不會管你的作品是哪個流派、用什麼樣的技術等。只要符合市場需求、預算需求即可。

美工優先考量的是作品的美，設計師優先考量的是客户需求。

設計師則是除了需要具備美工的技術，還要有溝通能力、對市場的敏銳度、撰寫企劃的技能、獨立思考和創意想法。

如果拿籃球、足球來比喻的話，美工就是會把球打得酷炫又花俏，設計師則是專注在這場遊戲規則中的最終目的，用盡各種方法進球得分。

角度回到接案這件事情，不管你做得多美多漂亮，但最終目的就是要客戶點頭，然後交款吧？

你覺得好看的作品≠客戶、買家會喜歡。

這本書能和你在創意與獨立思考上有所交流，用武功來比喻，如果市面上的軟體操作工具書是刀槍棍劍的拳腳招式，那這本書就是內功的修練心法。

視覺設計的價值就在於如何將一個成本三百元的商品，上架到網路上後，看起來有九百元的質感。

·關於行銷文案——開網店必備的基本功

網路購物的商品摸不到、無法試穿、無法試吃，要說服買家掏錢購買，除了視覺圖片之外，行銷文案也相當重要。

一位厲害的實體店家銷售員，能對著客人當面介紹產品的功能、特色，販售自家產品。今天網店的「文案」就是你的虛擬銷售員，但絕對不是要你在商品內頁打出長篇大論、文謅謅的說明文，這當中有很多寫作法則可以應用去打動、誘導客戶，讓買家下標商品。

行銷文案+視覺設計＝成功的網店。

·文案和視覺設計投資報酬率是最高的

很多網路賣家以為無須負擔店面租金、減少人事開銷，降低成本投資，然後把這些費用投注在廣告，加強品牌、網店的曝光，把名氣炒大了，就能創造最有效的銷售成績。

這個方法是2000年初網拍的舊作法，現在已經進入資訊透明化的微利時代，網店也進入到小而美的經營模式，已經不能用低價、大規模等的經營方式。

一篇好文案、能吸引眼球的視覺設計，搭配些許的廣告曝光，保證讓你在一天內多賣好幾百件商品，可謂是用最少的預算，創造最大的效益。

本書特色

與其給你魚吃，不如教你學會釣魚。

本書不會像市面上的雜誌、創業書等，只是拿出幾個目前在市場上的成功案例來說明，給你看其他人的成功範本而已。本書會舉出正確的文案+錯誤的文案+正確的設計+錯誤的設計，用這種方式訓練，才能更進一步的提升獨立思考的功力。

閱讀+拆解架構+得出结論＝獨立思考。

若本書對您有所幫助，我將深感榮幸。

・適合什麼人閱讀

設計人員
電商創業者
行銷人員
電商老闆

・感謝以下店家

H&J Shoes
MA 女鞋專賣店
R.S Shoes 雨晴秀鞋坊
Popcorn 爆米花服飾
Arlin 亞林服裝

目錄

Chapter 1 視覺設計

色彩學

排版技巧

文字和字型

Chapter 2 行銷文案

Chapter 3 視覺設計＋行銷文案的實地演練

排版

配色

視覺

Chapter 4 作者自身經驗分享

1

視覺設計

色彩學

1-1 色彩的基本知識

色彩在設計當中，是最必要的存在

一般設計師最常接觸的色彩模式有兩種：「色光三原色」（RGB）、「色料三原色」（CMY）。採用哪種色彩模式，取決於輸出的方式。所謂輸出的方式就是：螢幕呈現、相片沖洗、印刷、印表機列印等。每一種輸出的方式都有特定的色彩模式。

色光三原色

色光三原色（RGB），就是從電視或電腦螢幕所展現色彩的表現方式，藉由紅色（Red）、綠色（Green）、藍色（Blue）這三種顏色來呈現。色光交疊後能產生更多顏色，RGB爲「加法混色」，顏色越加會越亮，當RGB色階都調到255的時候，就會呈現白色。主要的用途大部分在於螢幕輸出、底片呈現，例如網頁設計就會使用RGB模式。

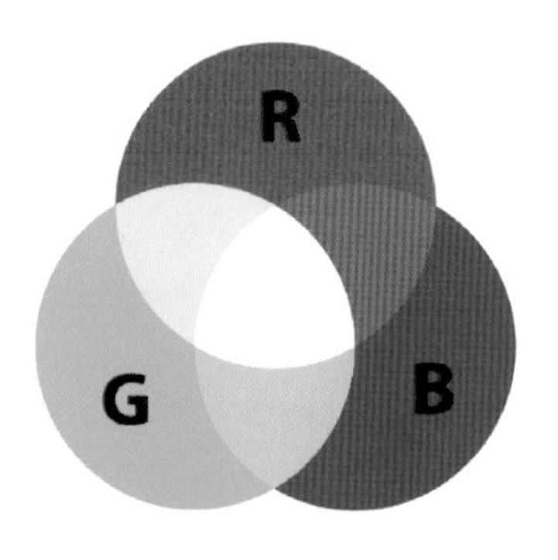

▲ 色光三原色（RGB）

色料三原色

色料三原色（CMY），就是用於印刷油墨呈現色彩的方式，藉由青版（Cyan）、洋紅（Magenta）、黃版（Yellow）三種顏色來呈現。色料交疊後能產生更多顏色，CMY爲「減法混色」，顏色越加會越深，當CMY三色都以100%去做調和時，就會產生第四個顏色「黑色」，主要用途大部分在於印刷。

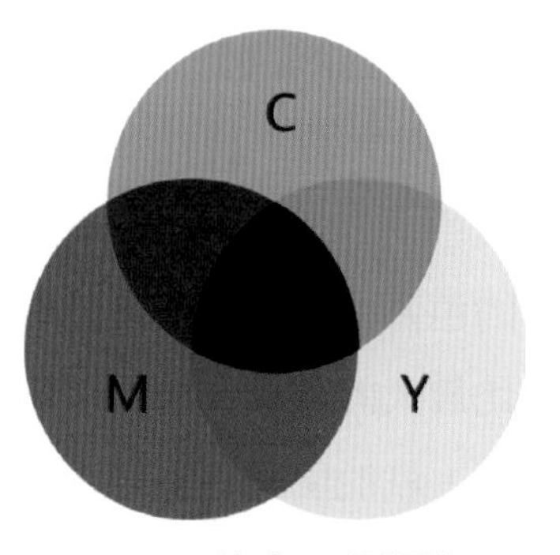

▲ PCCS的十二色相輪

色彩三原色

所有色彩都具備三項重要元素：色相（Hue）、明度（Brightness）、彩度（Saturation）。

色相

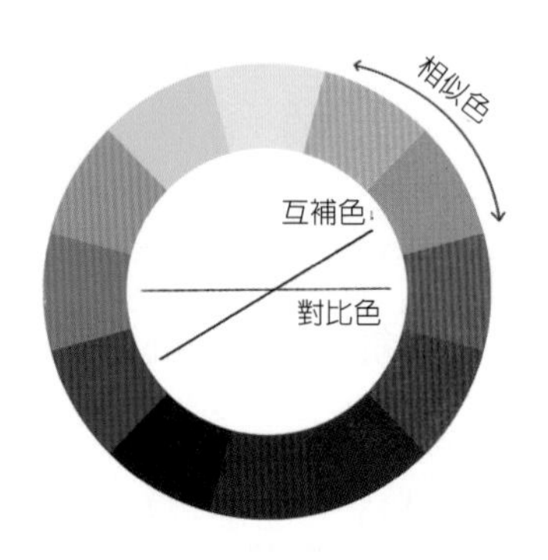

將綠色、藍色、紅色、黃色等原色和旁邊的顏色等量混合，即能成爲第三色，色相輪上並排在一起的即爲相似色；位在直線兩旁的即爲對比色，例如藍綠的對比是橘紅；位置相對的即爲互補色，例如藍色與橙色。相似色的搭配調性最爲接近，配出的色調幾乎都是最吻合的色系，也能形成最基礎、最穩定的視覺效果。對比色是拉出對比最大的色相，能將個別顏色完全的顯現出來，例如綠色搭配紅色，就能使綠色更綠、紅色更紅。互補色的色相差異最大，所以能做出反差最大又震撼的視覺效果。

彩度

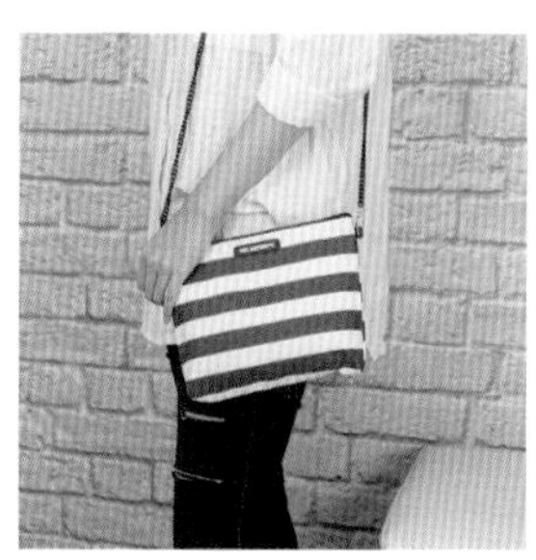

高　　←彩度→　　低

彩度就是色彩的鮮艷度，如以上示範圖所演示，降低彩度，就是加入黑色、灰色後顏色變暗沉；提高彩度就是使之變得鮮艷。

明度

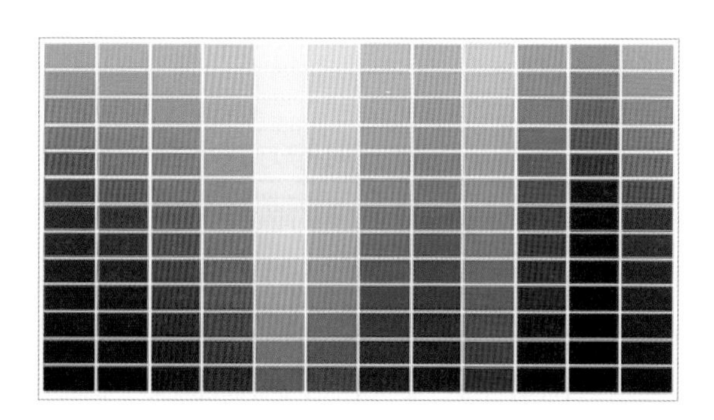

明度就是色彩的明亮程度，明亮度越高，就會越接近白色，就像是用水去沖淡那個顏色，使之變得透徹明亮；相反地，明度越低就越接近黑色。

有彩色與無彩色

色彩可分爲「有彩色」與「無彩色」，黑、白、灰等被歸類爲不具顏色的色彩；紅、黃、綠、藍等則被歸類爲具有顏色的色彩。

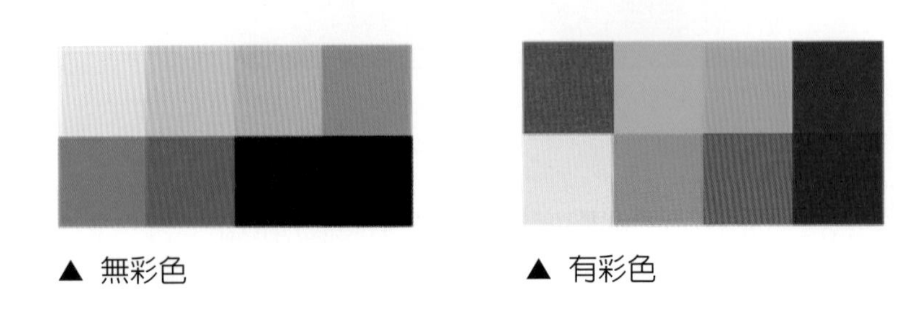

▲ 無彩色　　▲ 有彩色

色調

色調（Tone），就是色彩表現的方式，利用明度和彩度來表達各種不同的色彩。即使同爲一樣的色相，也會因爲色調轉變而有所不同，例如亮色調會給人活潑的印象，暗色調會給人沉穩的形象，可依製作時是要求哪方面的形象而做轉換。

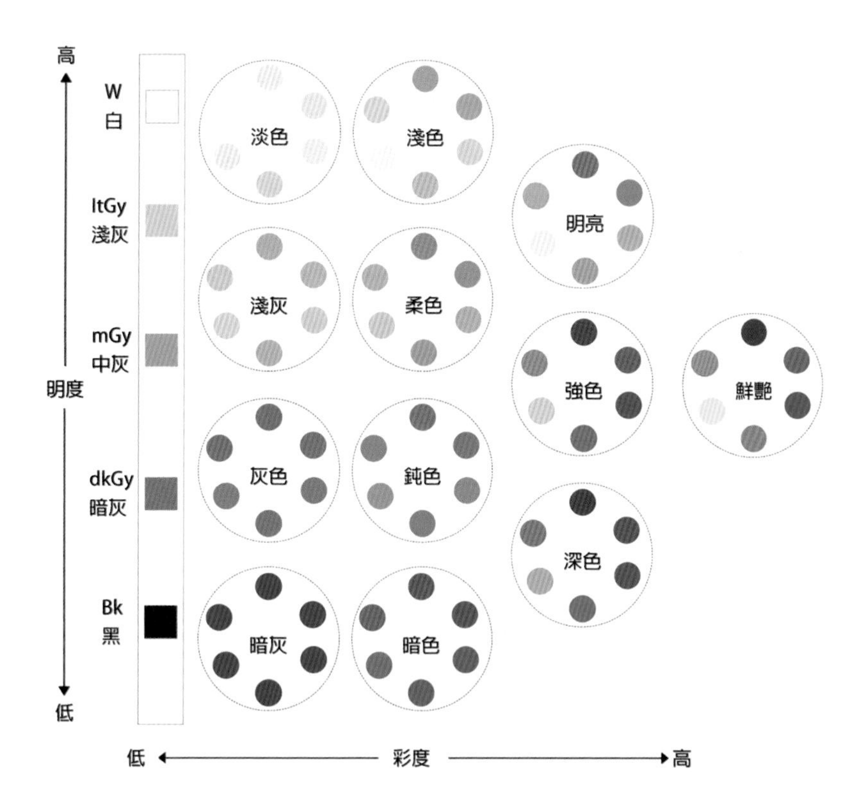
高
W
白
ltGy
淺灰
mGy
中灰
明度
dkGy
暗灰
Bk
黑
低
淡色
淺色
明亮
淺灰
柔色
強色
鮮艷
灰色
鈍色
深色
暗灰
暗色
低
彩度
高

▲ PCCS色調圖

色彩學

1-2 色彩聯想的力量

用顏色表達情緒

色彩能讓人產生各種想像力，千變萬化的色彩擁有傳達情緒的魔力，好比「激情」、「溫暖」、「陽光」、「知性」等各種心情，不用千言萬語去表述。顏色的變換能夠潛移默化人的感官和知覺，根據學者研究指出，人類對視覺聯想是很強烈的，並且會將資訊快速的記載到腦中。Impact of Color in Marketing[1] 提出，消費者購買產品時會有62%～90%的意願是根據顏色來做決定的。消費者並不是自動用顏色去做決定，而是潛意識要消費者這麼做的。

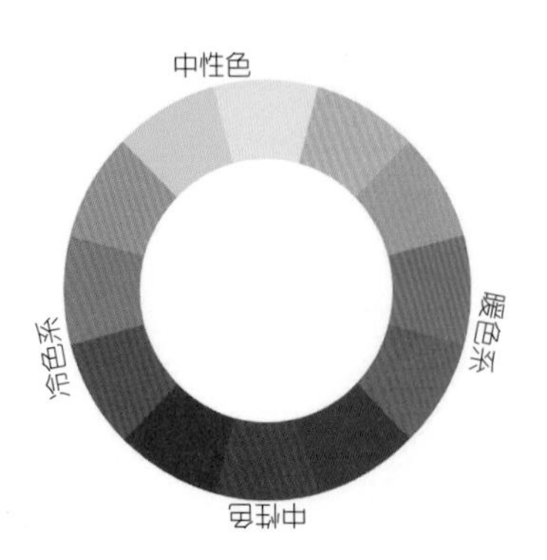

所以一張設計圖的顏色不能用自己的喜好下去隨意挑選，必須先掌握事前資料後，進行分析再製作，才能完成最適合此作品需求的色彩。

[1] http://www.emeraldinsight.com/doi/abs/10.1108/00251740610673332

色彩的溫度

色彩可以先用「溫暖」、「冰冷」來區分。普遍來說，一般人看到以紅色為中心的顏色，都是暖色系列。相反地，以藍色為中心的顏色，就是冰冷色，這也許是因為紅色會讓人想到火、太陽，藍色則讓人聯想到冰、水、雪等。

另外，感覺不到溫度的「中性色」，如綠色、紫色、棕色，就會以平常所接觸的事物去產生聯想。接下來就為大家分析各個色彩帶來的聯想是什麼。

▲ 暖色

暖色是以紅色為主打的色相，讓人想到太陽、火焰，會讓心裡產生「熱情」、「奔放」、「刺激」、「食指大動」等效果，給人的生理反應是會心跳加速、心情亢奮，但會有暴力、血腥的印象。

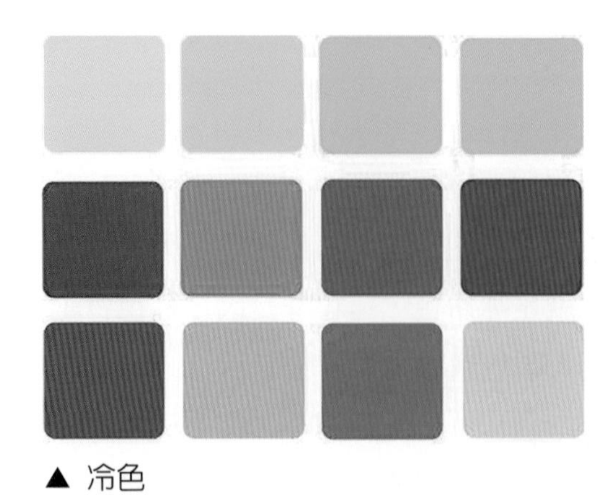

▲ 冷色

冷色系幾乎是以亮藍色、亮綠色爲中心的色彩，藍色會讓人想到水、冰，亮綠色則是樹木、草地，這系列的顏色多半會讓人感到安定身心、靈性、安全、健康，穩定情緒作用。

▲ 中性色

中性色偏向暗色系，這樣的色彩不會使心裡做出太大的情緒，因爲感覺不到太熱或太冷的色彩溫度，所以通常都是在拿來搭配色彩時使用。

熱情、溫暖
紅色
專業、知性
藍色
放鬆、穩定
綠色
陽光、活潑
黃色
乾淨、理性
水藍色
可愛、夢幻
粉紅色
穩重、成熟
藏青色
神秘、高貴
紫色
溫暖、開朗
橘色
土地、懷舊
棕色
時尚、嚴肅
黑色
純真、生命力
亮綠色

1-3 色彩學 配色聯想

用顏色創造自我價值與視覺風格的連結

雖然上個章節提過，每個顏色都有各自的情緒，但如果將單一的顏色做多種混合配色，又會有不同的變化與感受，除了能讓情緒多了層次感，也能加強或抑制色彩印象。假設是單一的綠色，就會讓人想到「草地」、「綠地」，但如果綠色加上亮綠色與黃色，就會讓人聯想到「新鮮」、「健康」等關鍵詞，單靠單一顏色，非常難做出色彩印象的變化。

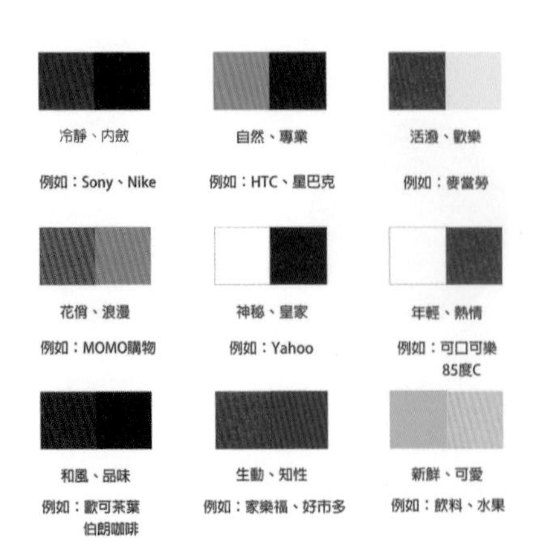

◀ 各品牌配色聯想的運用

配色的運用方式有：對比色、漸層色、類似色。

對比色的運用　——塑造反差，增加視覺效果

除了前面章節介紹的配色聯想、色彩聯想可加深消費者的印象之外，最後就是對比色，協調色的相反就是對比色。色相的選擇上，不要選擇的太類似，避免反而被吃色。

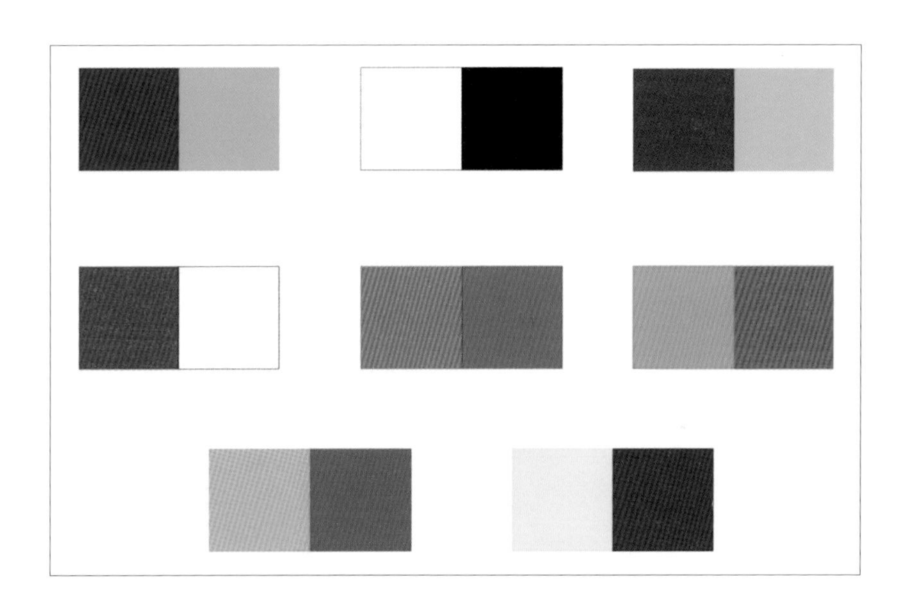

如以上這張示範圖一樣，直接用紅色、白色對比出來，這就是完美的運用對比色，完全呈現出夏日熱情的氛圍，下殺折扣的心動。

漸層色的使用

漸層的應用可讓色彩擁有景深、重心、層次感等多種豐富變化，屬於配色中的一種技法，讓色調不死板無趣。

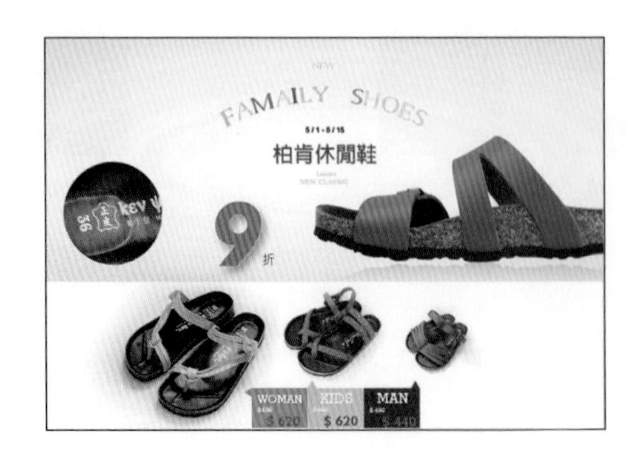

上方示範圖的中心點，就是由淡轉深向外擴散，讓整個版面有豐富的層次感。

漸層可以利用色相的明度、彩度、類似色相、對比色相等方式，來展現色彩的韻味，表現出作品的透明感、奢華感、高質感。

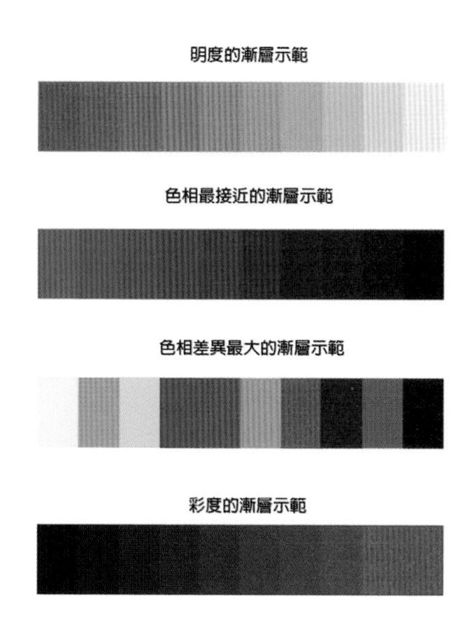

使用漸層的時候切記，要因應主題需求使用，不要爲了追求花俏而導致反效果，破壞作品的美感。

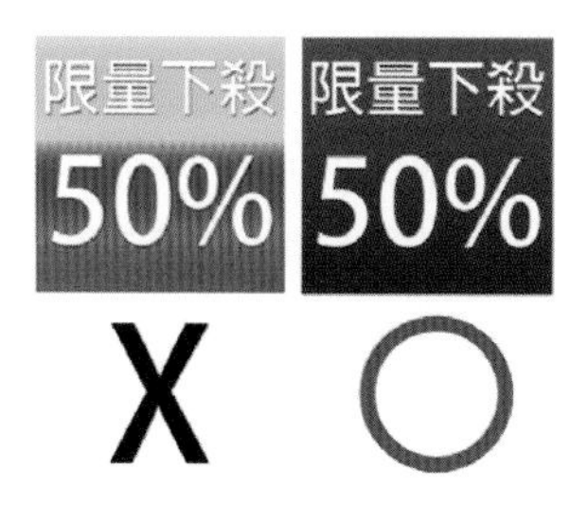

類似色的運用

類似色就是在色相環中相鄰的顏色，這些配色的色相差距很小，主要的運用特色就是讓作品有一致性、協調性、統一感。

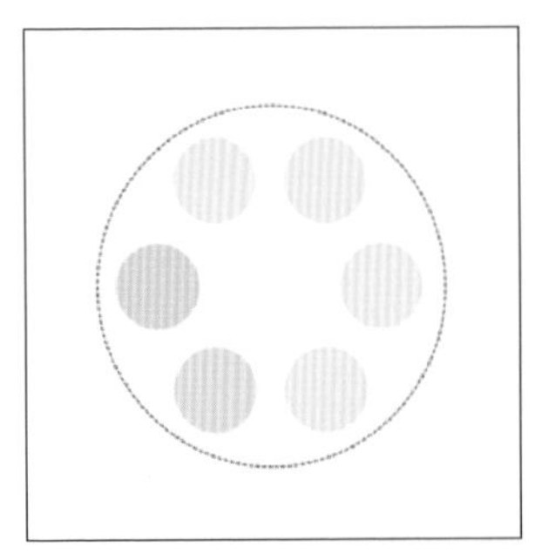

▲ 色彩明度的強弱

當使用類似色做配色時，如果沒有用明度做出區別，反而會顯得整張作品沒有特色，互相吃色吃得很嚴重。因此請記得用色彩明度的強弱來做區別，這樣才不會讓整張圖片顏色看起來模糊、亂無章法。

1-4

色彩學

文字的顏色與照片的搭配

文字顏色需要由照片來決定

爲了加強照片表達主題的效果，一定要搭配文字敘述，而文字的顏色需要和照片、背景有所呼應，產生對比色、互補色的效果。另外，文字要設爲主色，這個部分可以參考前面的色相環。

如果文字和背景的顏色無法互相呼應的話，那文字會變得難以閱讀，無法清楚突顯主題重點。接著，文字的顏色挑選也很重要，要視這張圖片呈現什麼樣的風格，如果是要簡單、時尚、洗鍊，那就可以用無彩色的白色、黑色爲主色。

販賣女鞋商品，主題是紳士鞋款，要呈現簡約、時尚的風格，就用無色彩的白色、黑色下去做搭配，讓文字和照片擁有協調性。

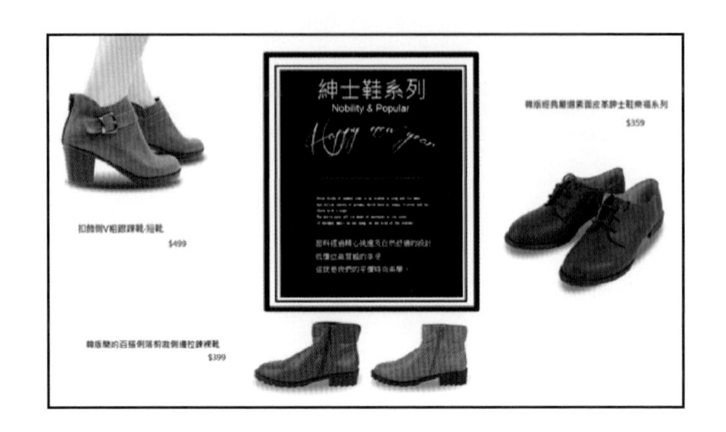

販售包包商品，主題是要推廣「MW包」，文案既然寫出優惠，那重點色就是優惠價格「$350／件」，所以用深紅色來表達重點，讓客人的視線鎖定在優惠上。

1-5 色彩學
用色彩做版面重心

色彩有明度、彩度之分，在版面中，也會有輕和重之分，我們可以用顏色來決定整個版面的重心位置，藉此達到另一種視覺效果。

顏色較暗的，就是比較重的顏色，而顏色較亮的就是比較輕的顏色。如果重的顏色在整個版面的下方，那麼，因爲重心在下面，整個版面看起來就會有一種穩定、安全的感覺；相反地，若重的顏色在版面上方，那就是將整個重心擺在上方。

◀ 深色的部分在上下，將車子主體包覆起來，版面給人安穩的感覺，也因為重心的關係，造成往前延伸的立體感

◀ 深色的部分在中心點，重心不在上下，而因為上下都沒有壓迫的關係，讓人感受到的是時尚感與較大的空間感

1-6 排版技巧 版面的構成

萬丈高樓平地起

整個版面分爲版心、邊界兩個部分，版心位於版面的中央，文字、圖片的配置區域即爲版心，另外沒有配置的部分則是邊界，也可以稱爲版邊。

版心的大小會影響整個視覺感官，行距、字距不同的寬窄編排，都會呈現出不同的視覺風格。

如果編排上是版心寬、邊界窄的話，那整個版面就會呈現熱鬧、有活力的感覺，但過多的反效果就是龐大的資訊量會使人有壓迫感。

如果編排上是版心窄、邊界寬的話，那版面則是呈現古典、質感、時尚，但過多的反效果會讓人感到無法專注、結構鬆散。

學會這兩樣基本法則後，就能知道該如何掌握版心與邊界的分配，這當中的平衡感如果掌握得宜，可以創造出有活力又有質感的版面。

1-7 排版技巧 黃金比例與白銀比例

完美比例的公式

黃金比例

黃金比例也號稱是上帝比例，它是用近似1：1.618的比例方式來表現，依照這種比例製作的矩形被稱作黃金矩形，另外還有用黃金比例來切割畫面的方式，被稱爲黃金分割。

像巴特農神殿的建築設計就是根據黃金比例，連畫作「蒙娜麗莎」也是達文西主張黃金比例所表現出來的。

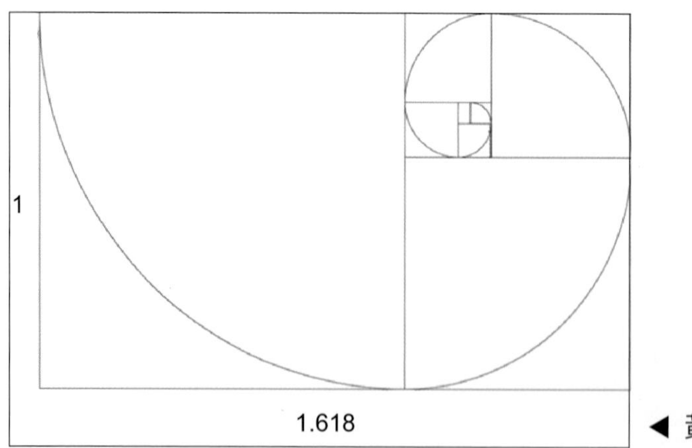

◀ 黃金比例

白銀比例

白銀比例是利用近似1：1.414（1：$\sqrt{2}$）的比例方式，若是依這種比例製成的矩形就稱為白銀矩形，比例和A4等一般紙張的比例一樣。

這個比例比較常見於日本，許多日本建築物，例如法隆寺、五重塔，都是用1：1.414的比例建造而成。另外大家小時候耳熟能詳的哆啦A夢、蠟筆小新、麵包超人等，寬跟高的比例也同樣是1：1.414，據說這樣比例的卡通人物特別討喜、好看。

與黃金矩形相比，白銀矩形給人的感覺是比較安穩、親切的氛圍，各有千秋，就看每個人如何去運用。

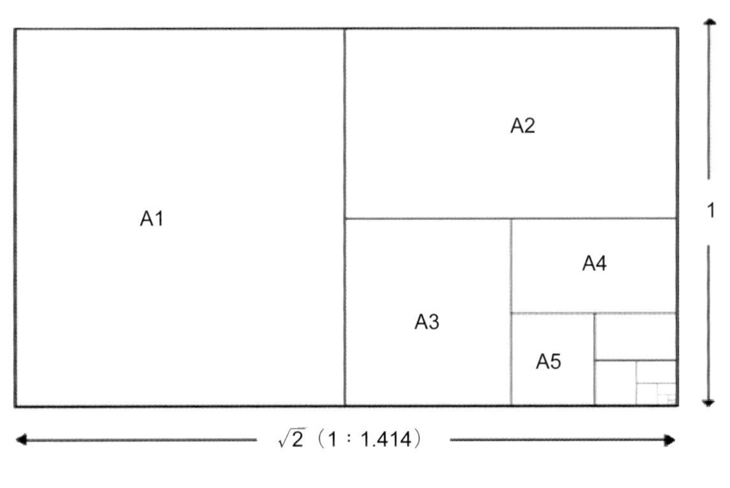

▲ 白銀比例

黃金比例和白銀比例的應用方式很多，可以利用黃金比例的方式裁切圖片，接著用白銀比例作版面配置，用這樣互相交錯運用的搭配，挑戰各種編排效果，更能靈活運用。

1-8 排版技巧 格線

提升排版效率的祕密

在進行排版時，如果想要讓版面擁有整齊劃一的模樣，可以使用「格線」來有效率的做出既美觀又整齊的版面，這被通稱爲「格線系統」。

格線系統是起源於二十世紀前半，由歐洲瑞士所提倡的排版系統，常用於平面設計的海報、宣傳單等，用此系統來組織龐大的訊息。進入到現在的E世代後，隨著網路興起，開始被沿用到網頁設計、平面設計等。雖然格線給人一種制約受限的感覺，但反而就像是數學解題的公式，讓設計者能更方便的來組織文字、圖片。

格線系統分爲「網格格線」、「橫式格線」，以下進行詳細介紹。

網格格線

網格格線是多數設計者都會運用的系統，有利於圖片、文字的排版，也是最容易上手加以變化的排版方式。

◀ 網格格線的大小可以隨設計者的想法去做調整和使用上的變化，網格較大時，網格數量變少，整體上的編排會變得容易，但能變化的自由度較低

適合資訊量較少的主題。

◀ 相對的，網格變小，網格數量增多，看起來雖然比較複雜、凌亂，但能做出多種的編排方式，自由度也變高

適合資訊量較多的主題。

網格的數量可以由設計者自行決定，若以直式的A4紙張來說，縱向可以用三到十二格、橫向三到八格左右，並沒有硬性規定，端看設計者要做的風格和主題而定。

◀ 利用網格把主題分成三等份，大圖為模特兒示範，並且打上標題、優惠折扣，左下方則是商品的單拍照片，右下方是商品的收納示範，整體相當協調穩定

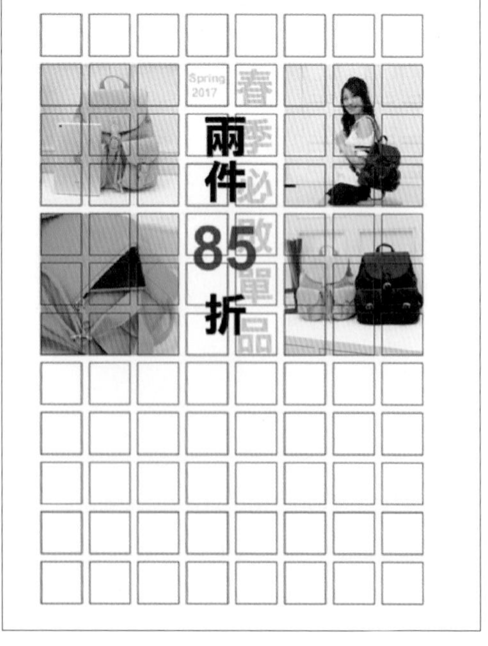

利用文字將整個版面一分為二，四張照片都是等比例的占用四個角落，沒有字體在任何圖片上，在中間的文字清楚強調主題、優惠折扣，整體表現較為活潑 ▶

橫式格線

橫式格線的編排不像網格格線那麼有規律性，如果是用文字編排，段落的句末處皆會參差不齊，適用於版面全都是英文字的時候，因為英文單字的間隔都不一樣。

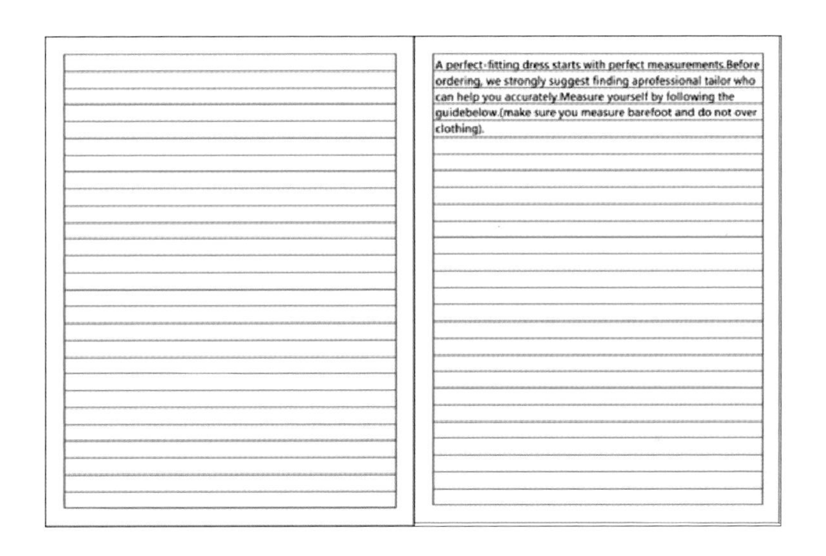

橫式格線雖然擅長處理英文文章，但字距、行距常常會被忽略。

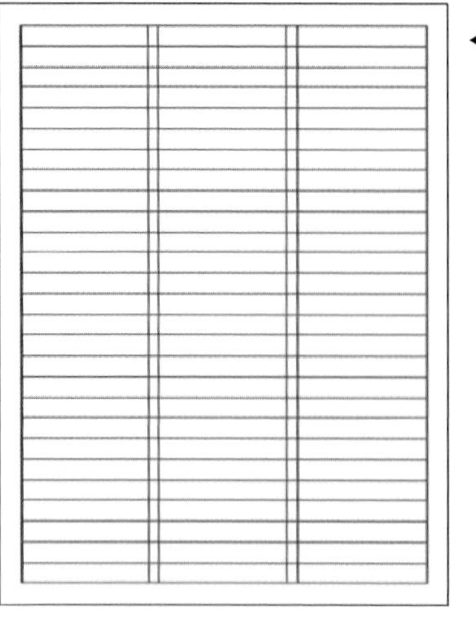

◀ 在加上紅線的地方，把版面切割成三等份，一等份為一個欄位，共三個欄位，這時候就可以開始做出變化

此版面的主題為在客人購物時，頁面給買家的貼心小提醒，若是要圖片和文字一起處理的話，可以使用欄位，整個版面會相當自然美觀 ▶

A perfect-fitting dress starts with perfect measurements.Before ordering, we strongly suggest finding aprofessional tailor who can help you accurately.Measure yourself by following the guidebelow.(make sure you measure barefoot and do not over clothing).

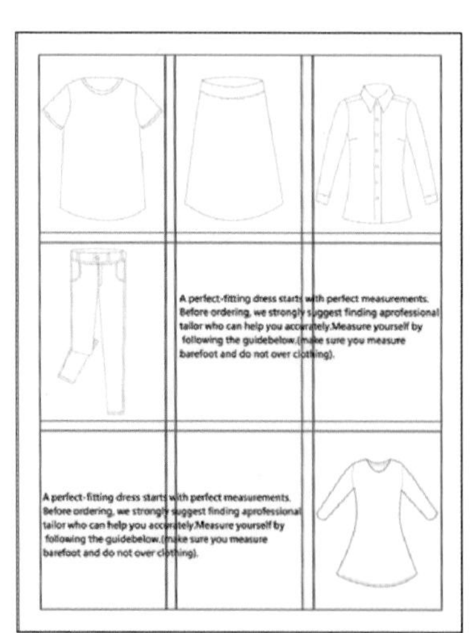

◀ 如果要處理的文字和圖片較多，也能使用這種編排方式，文字各使用兩個欄位，剩下的圖片分別插在其他欄位中，按照這樣的配置，版面也會相當自然美觀

1-9 排版技巧 去背圖

能讓排版有七七四十九變的技法

除了排版的變化之外，另外還能改變照片的形狀，去增加編排的靈活性。消費者會因矩形圖和去背圖傳達的形式不同，而有不同的感覺。

矩形圖給人的感覺就是四平八穩，基本款的好處是不容易出錯，但缺點是因爲矩形屬於有規則的邊角型，整體呈現較爲嚴謹拘束，編排受到限制，也使得版型變化性不大，消費者看久了會產生視覺麻痺的效果。

如果用去背的照片，除了能消除多餘的部分，也能增加版面空間，讓視覺更集中在去背的照片上，也可以增加更多的編排方式。若想表現活潑的氣氛，或是增加圖片的層次感，使用去背的版面會更有效果。

TIP

矩形圖：不容易出錯，但版型死板變化少。

去背圖：版型較多變化，但需具備一定的設計功底才較不容易弄巧成拙。

◀ 矩形版面呈現中規中矩的表現效果，具有極高的穩定性，但會顯得有些無趣

▲ 將照片多餘的資訊去背後，除了照片可以放得更大以外，在編排上更能靈活運用，呈現較為活潑。但因自由度較大，所以要注意排版的技巧和照片比例

去背圖片能清楚呈現照片的輪廓，也會讓整個版面變得相當活潑，去背圖片也不一定只能用一張，多張的去背圖片，更能輕鬆展現自由編排的技巧，也能清楚呈現照片中的重點，多出來的版面則能讓文字更容易編排。

◀ 將去背照片的周圍沿著輪廓加上顏色，能增添可愛、俏皮、流行的風格

1-10 排版技巧 三分法

經典的排版分割

三分法就是將版面平均分割為三等份，用2：1的比例去構圖，避免呆板，讓構圖變得更有活力的方式，讓主體脫離畫面的中央，重新分配比例來增加畫面的活力。

▲ 第一步：將版面平均的切割三等份

▲ 第二步：可以將主體放在藍色區域的部分

▲ 直式版面可以用橫向的切割，橫式版面則可以採用直向的切割

1-11 排版技巧 井字構圖

井字構圖就是三分法的延伸，垂直和水平三等份劃分時，就像在畫面上寫一個「井」字，變成了九宮格。主要的使用方式，是要將主體放在四個交叉點中的其中一個上。這樣的構圖方式最常用於攝影，我們也會用於版面設計。

◀▲ 井字構圖法用於攝影

▲ 井字構圖用於版面設計

三分法、井字構圖這樣的法則跟人們的閱讀習慣有關。另外，一般人看圖片時，會習慣由左向右移動，最後的視線會停留在右側，所以在構圖時，可以將重要的資訊（例如限量、折扣、優惠等）放置在右側，如此能達到良好的傳達效果。

1-12 排版技巧 減法設計與加法設計

少即是多與多即是美

加法設計就是將各種元素從零開始一層一層的疊加上去，紋理、線條、色彩都較爲豐富，用複雜的層次呈現主題；然而減法設計是追求極簡的概念，強調主體，用精簡的方式呈現畫面，這兩者之間沒有正確答案，就看設計師本身在制定主題時，要朝哪個方向前進。從市場來看，以前台灣、韓國都比較喜愛用加法設計的手法，但如今趨勢轉變，許多設計開始走向減法設計了。

加法設計的優點：版面看起來不冷場，豐富性能吸引到目光；缺點：若元素過多（有漸層、有透明度、配色過於複雜等）就會使整個版面看起來凌亂，缺乏統一感，也缺乏具有代表性的元素。

減法設計的優點：能強調主題，版面呈現時尚感，清楚傳達資訊；缺點：如果排版、攝影、字型、配色的設計美感底子不夠，就會讓效果大打折扣，反而弄巧成拙。

▲ 加法設計的運用：左邊是商品主體，中間是優惠資訊，右邊則是氣氛照片，並且用各種色塊去堆疊，整個版面看起來就相當熱鬧、豐富

▲ 減法設計的運用：用模特兒清楚強調網店販售的服飾商品，並且單色背景，文字則是雙11節，旁邊打上20%的優惠，配色簡單，也清楚傳達到節日折扣的資訊

1-13 排版技巧 對比

製造版面的反差手法

圖像和文字使用對比，就能各自突顯，讓整個版面變得更容易理解、吸引目光。要做出對比的重點在於「設定要突顯的主題是什麼」、「確實的做出高反差」這兩個要素，不管運用何種方式，版面中一定要有強弱之分才能成功製造對比，製造對比的方式介紹如下。

對比分爲三種：色彩對比、圖片與文字對比、明暗度對比。

明暗度對比：利用亮暗程度去突顯設計中的重點，也就是使用白色和黑色增強版面的對比。

◀ 明暗度的對比示範

色彩對比：就如前面章節PCCS的十二色相輪所表示的一樣，將對比顏色運用在版面上，增加衝突和戲劇性。

◀ 色彩對比示範

如上圖，白色的文字和深紅色的背景成爲強烈的對比，雖然各據一方，但版面就顯得有衝突、戲劇性，也能清楚的傳達優惠資訊。

飽合度對比：飽和度就如前面章節所提到，若主題設定是要使用亮色、淡色，那就可以用這個做爲對比策略，因爲亮色能吸引到眼球，然後搭配接近黑色的背景，就能做出對比的衝突，利用這樣的混合效果製造出不同的戲劇效果。

簡單來說，以下版面利用亮黃色、亮藍色、白色吸引消費者注目，爲了要引誘消費者點擊按鈕，進入到活動專區選購商品，所以「MORE」的按鈕選擇和模特身上服裝一樣的亮黃色，用這樣的對比方式讓整個版面色彩達到協調。

圖片與文字對比：對於消費者來說，圖片對於視覺的吸引程度絕對大過文字，所以利用圖片與文字互補，讓人能快速了解設計者所要傳達的資訊，文字的顏色要和主體的顏色相同，才有連貫性。

1-14 排版技巧 群組化

將資訊整理爲一個群組

完形視覺法則

人的眼睛和大腦在觀察事物或接受影像時，會有一種特別的傾向，就是無意間將相同形狀、相鄰的事物視爲同一個群組，方便快速辨識。這個理論最重要的概念是當我們在觀察一個人的時候，不會去看他的眼睛、鼻子、耳朵等這些特徵來辨識對方是個「人」，而是會直接看到整體。

群組化的方法分爲以下幾種：接近性、連續性、相似性、封閉性。

接近性

當物體互相緊鄰時，我們的視覺會自動將它們視爲相同的群組，例如下圖裡的 ■ 與 ●。

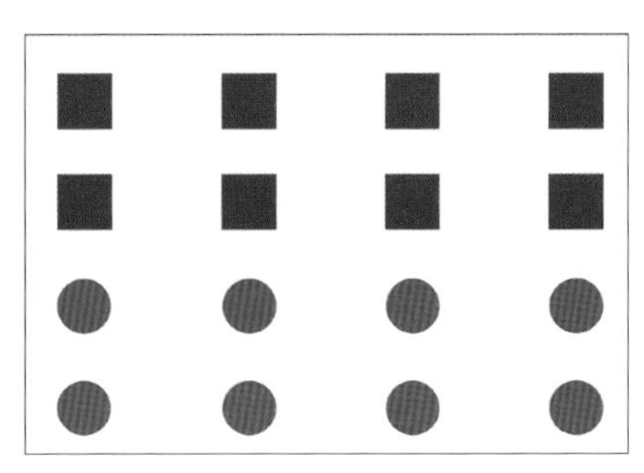

▲ 接近性

連續性

人的大腦通常會將事物看成連續的個別物體，就算被中斷掉，大腦還是會判定爲一個群組，因爲在人的視覺中，容易感知到的是連續的物體，而不是鬆散的片段。例如下圖，我們會看到交錯的圓形和三角形。

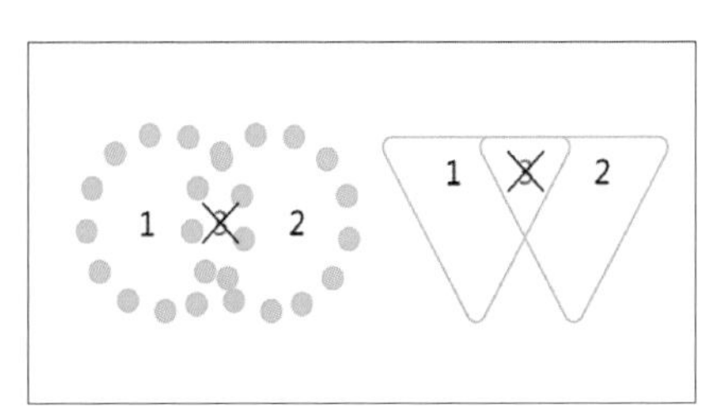

▲ 連續性

相似性

相同顏色、形狀的事物，我們也會將它群組化，就如同下方示範圖，人腦會自動將正方形歸類成一個群組，而不會把成一直線的正方形和多邊形歸類成一個群組。

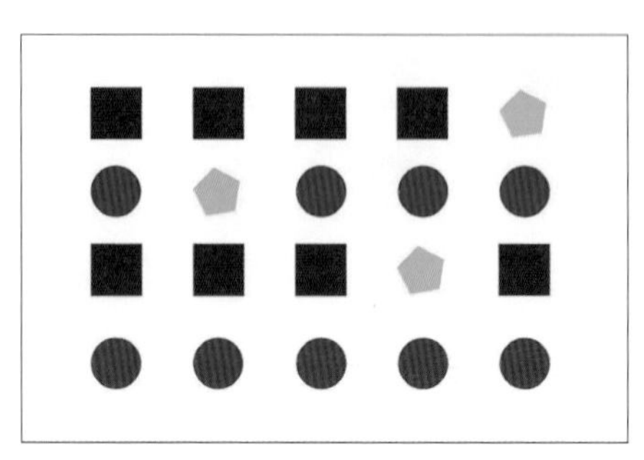

▲ 相似性

封閉性

我們看到形體的時候，會直接將獨立的物件，視爲一個封閉的狀態，所以即使看到像下方圖左缺了一部分，或是中間的虛線圓形，人腦都會自行將不完整的資訊填滿，成爲一個整體物件，判斷出是圓形。

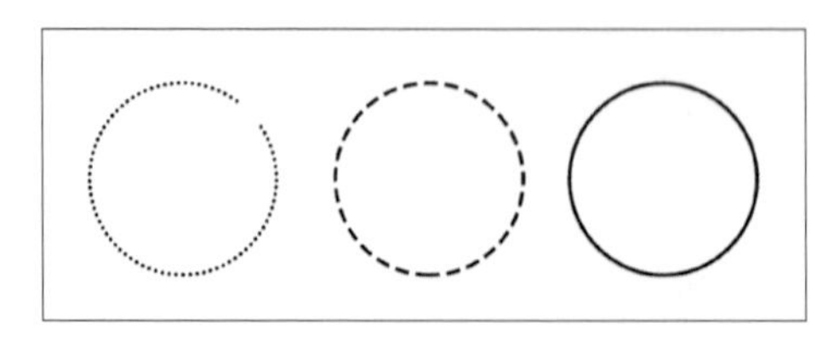

▲ 封閉性

來看下方另外一張示範圖片，2號圓形蓋住了1號圓形，因此嚴格說起來1號已經不是圓形了，但我們的大腦會自動把1號補成一個完整的圓形，然後告訴我們1號就是圓形。

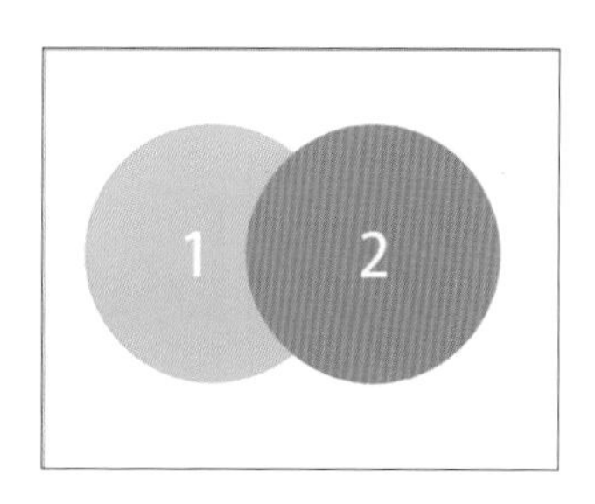

在設計時，如果能巧妙運用這樣的技巧，就能快速的傳達資訊，而在設計群組化時需要注意以下幾點。

整理資訊

在製作版面前，先設定好這個版面會出現的資訊，再各自將同屬性的資訊一一分類。

資訊隔絕

分好群組後，就將關聯性低的資訊群用恰當的方式隔絕，分開來擺放。

利用留白

在配置群組時，要適當的運用留白手法，使資訊更容易讓人閱讀。

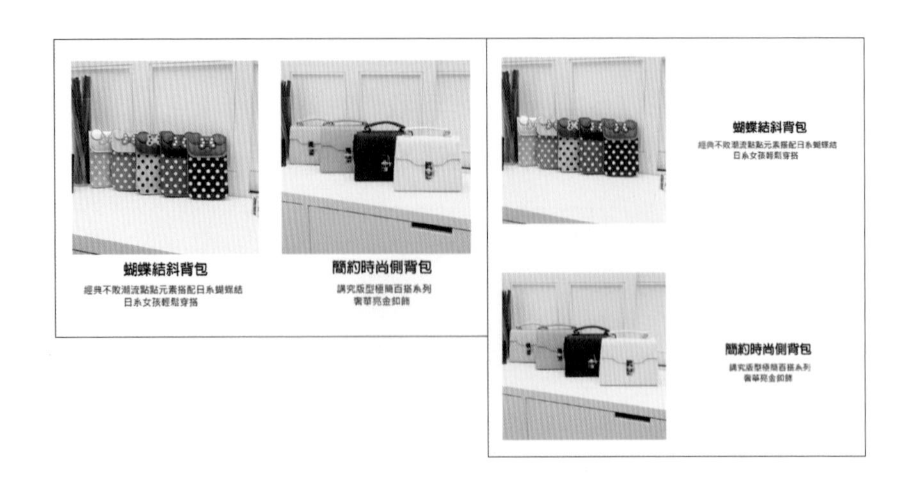

上圖的排版就相當正確，整個版面分成圖片、商品名稱、商品介紹，並且有規律的群組化分成左右兩邊，讓消費者能清楚又快速的閱讀資訊。

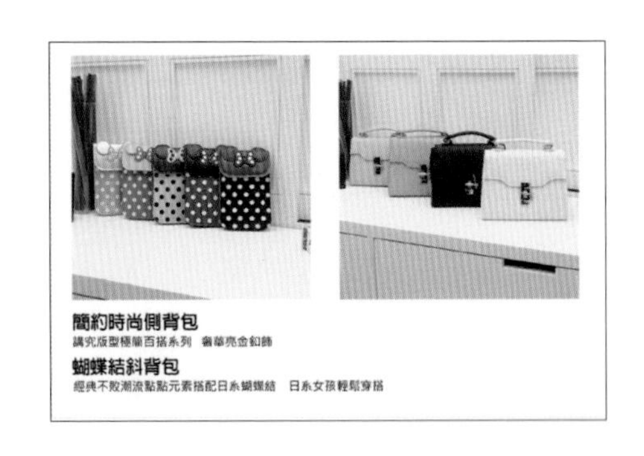

以上這張示範圖就有很明顯的錯誤，資訊沒有群組化後，當消費者第一眼看到時必須先詳細閱讀文字得到資訊，再利用大腦來判斷得到的資訊是屬於哪張圖片，這雖然只需要幾秒鐘的時間，但人會被易懂的故事所吸引，這樣不人性化的作法，無法讓消費者產生衝動購物的行爲。

1-15 排版技巧 秩序化

利用對齊來維持版面的美觀

對齊就是將物件的邊線與版面的其他物件邊緣一起對準位置，對齊是設計中的基本。對齊的目的就是讓整個版面一致，有秩序，只要有對齊的版面，都會讓人本能的感覺到美觀。尤其是文字和圖片要確實的對齊，否則不管照片再好看、字體再簡潔，都會因爲沒對齊而功虧一簣。

對齊的方式大約分爲：靠左對齊、靠右對齊、置中對齊、居中對齊、靠下對齊、靠上對齊，另外比較特別的是左右對齊。

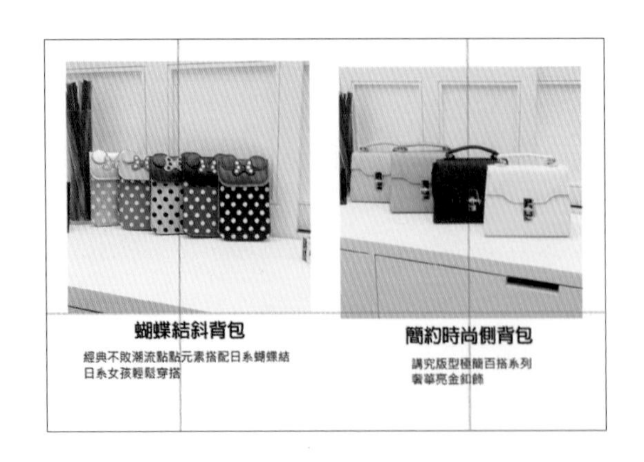

上圖爲錯誤示範，照片沒有上下對齊，具有雜亂感。

此圖爲正確版本，只要物件有整齊排列，就能有美觀、穩定、整體感的作用，空白處也要互相對齊，不要右邊留白處比左邊多，這樣也會產生不協調感，讓間隔對齊也是非常重要的。

照片主體也需要對齊

除了版面中的所有元素需要對齊之外，連照片中的主體也要對齊，大小要一致，才不會打亂閱讀者的動線。

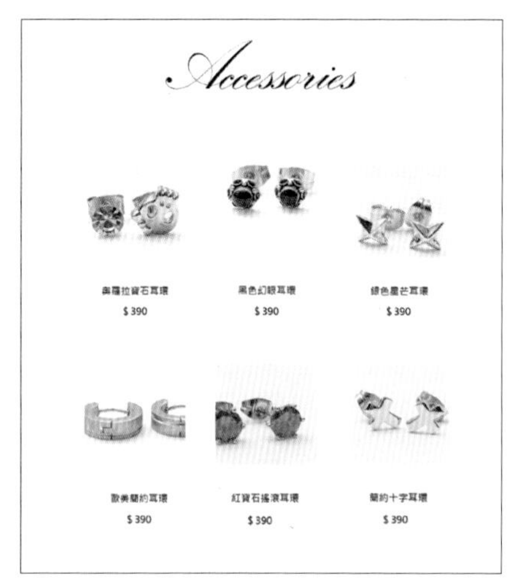

◀ 此示範圖，明明整個版面都標齊對正，字型簡約，排版乾淨俐落，但看起來就是有說不出來的奇怪，總有一種雜亂感

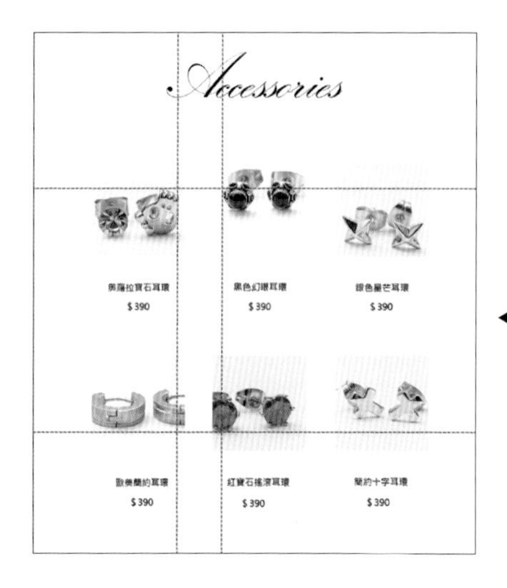

◀ 將示範圖加上參考線就可得知，原來是照片中的商品大小不一，沒有對齊，即使照片有對齊，照片中的商品沒有對齊，也是於事無補

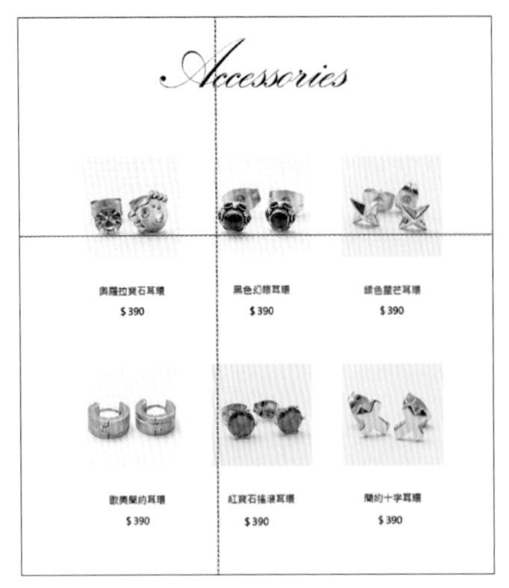

◀ 將照片中的商品調整至一樣大小後，就能完整發揮對齊的效用，這是容易會忽略的小細節，在設計時需要特別注意

1-16 排版技巧 裁切

用裁切表現版面的各種情境

裁切的意思就是切除照片中不需要的部分，將照片給予的訊息加以整理，也能做出強調重點的情境。

利用裁切的方式，使照片的主題偏移中心點，可以讓新增出來的空間產生更多的用途，來適時變換版面的氣氛和情境。

裁切最基礎的用法，就是將照片中主體之外多餘的部分裁切掉，一旦多餘的部分被裁切之後，視覺將更爲美觀，也能讓照片傳達資訊的功用發揮到最大。

上圖是一張尚未裁切的照片，主體是模特背著後背包，但左右兩邊都各有雜物，地板花俏的顏色和簡約的牆面也呈現衝突。這張照片完全無法強調商品與重點，因爲會被其他事物給干擾。

運用裁切技巧後，商品就明確的被放大，展現商品圖氣氛，變得更俐落明確。

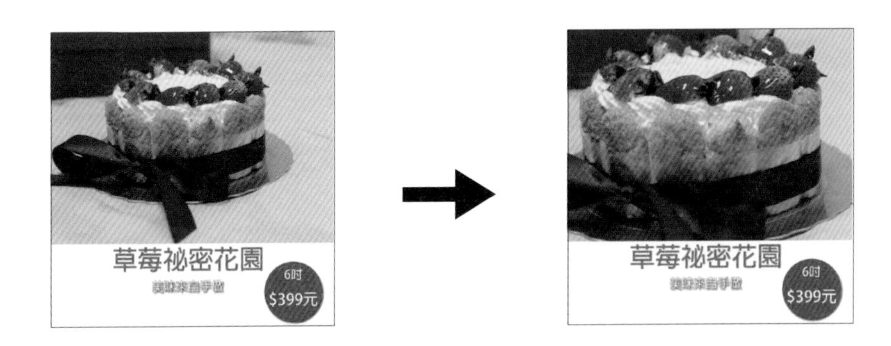

以上兩張圖片給人的感受完全不一樣，左邊那張圖片的主題較小，空白處較多，結構鬆散。右邊這張圖片，就把主體蛋糕以外的地方都切除，清楚呈現蛋糕中的內容物，油亮的草莓、柔軟綿密的奶油、酥脆的餅乾，完全符合「草莓祕密花園」的主題。

將裁切的基本技巧學會後，接著進階就是在裁切前，必須先搞清楚想要傳達什麼樣的感覺給消費者看，再依照目的，進行照片的裁切。

可以利用裁切的方式，切出照片所需要的部位來做設計版面使用，而一張照片不一定只能裁切一次，只要經過巧手和想像力，一張照片就能讓一個版面變得相當豐富。

◀ 這是拍攝的原圖，假設今天要用這張照片來設計上衣、化妝包的商品圖，可以裁切哪些部分來使用呢？

首先是上半身人像與化妝包的特寫，裁切的部分就是用人像帶到化妝包這項商品 ▶

◀ 第二個部分是化妝包單獨的特寫

上衣的部分就擷取商品特色的開口剪裁 ▶

◀ 上衣的袖口也是商品的重要細節

以上就是用裁切取得素材的方式。

利用裁切製造空間情境

利用裁切的方式，讓照片中的主體偏左或偏右邊，可以藉此塑造空間情境，我們就直接來看以下的示範。

以上方這張照片來說，人物是朝向左邊，主體偏左，背後留下空間，會給人「過往」、「過去」、「悲傷」的感覺。

若是相反來說，人物一樣朝向左邊，但主體偏右邊，將前方的空間留下來，就會給人「正要前進」、「未來」、「快樂」的感覺。

拿車子的例子來說，把主體放在前方，就會有行進間的感覺，強調商品主體。

相反地，將主體放在後方，整體版面看起來較有親和力，也不那麼逼近，營造出寬闊的空間感。

1-17 排版技巧 重複法則

用重複元素表現版面的統一感

所謂的重複法則就是使用一樣的設計元素去編排版面，例如：圓形、矩形、三角形都屬於各自獨立的元素，直接挑選一種元素來設計，這樣可以營造整齊、具有規則性的設計版面。

這可用於要同時展示多種商品的時候，利用相同的設計元素來做編排，能有統一感和整體感，看起來簡潔好閱讀，但如果為每樣商品都個別置入元素，那就會顯得雜亂毫無章法。

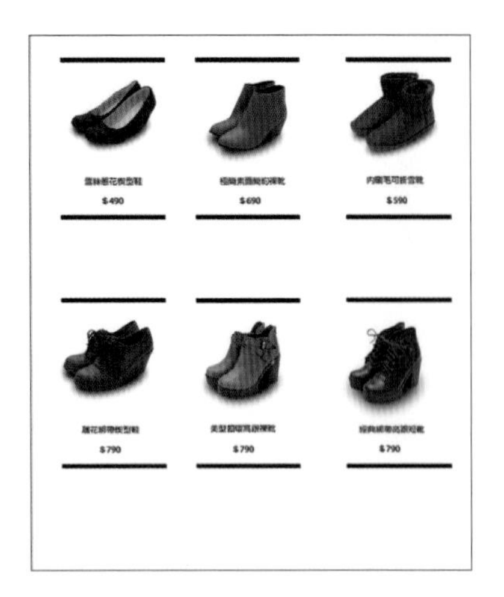

▲ 以相同的設計元素做版面編排，呈現乾淨俐落，也提升整個商品質感

▲ 錯誤示範，商品照片完全沒問題，但每個元素都太過突出，搶走版面中的主題，這會讓消費者的目光無法聚焦在商品上

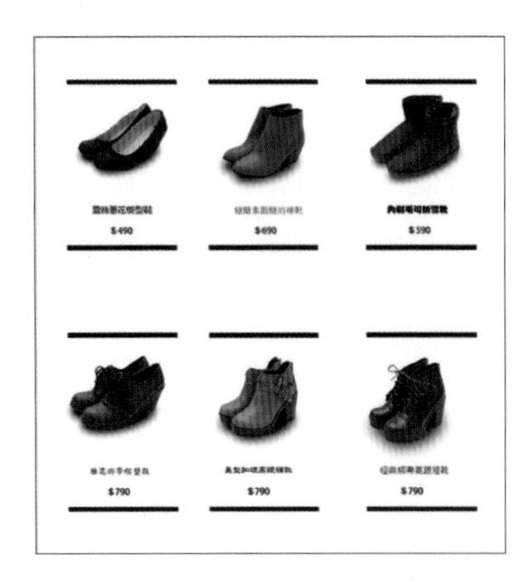

▲ 文字沒有統一感，就失去重複法則的效用

重複法則除了主題之外，剩下的項目都要統一，簡單來說就是照片尺寸、字體樣式、字體大小、留白邊界、顏色等項目皆相同。

1-18 排版技巧 留白配置

留白就是將版面中的某個區域編排成沒有配置任何元素的空白處，會讓你的設計版面多了呼吸空間。留白能清晰的區分版面，產生層次感，加強主要資訊的視覺效果，也能增加版面的可讀性，適時的留白能讓整個版面更加平衡。

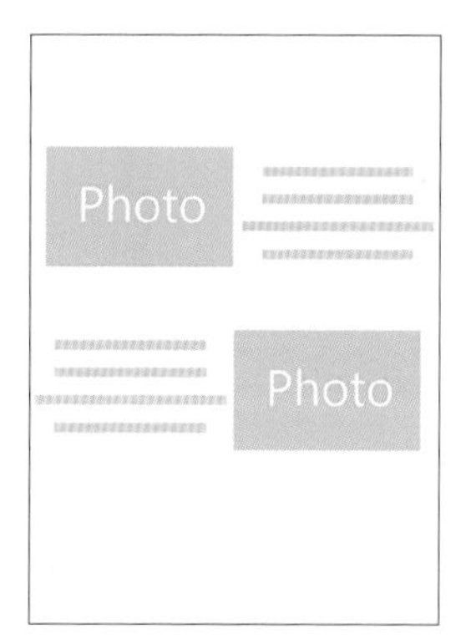

版面留白與填滿：用版面留白多的區域與資訊密度高的區域來做對比，在此要介紹版面設計上使用的專有名詞「JUMP率」。

JUMP躍動率

在版面設計中有個專有名詞「JUMP率」，JUMP率的大小取決於圖片和文字的比率，圖片的大與小、文字的粗與細，決定了JUMP率的大小。

在設計之中，JUMP率越大，版面就越活潑、熱鬧，而JUMP率越小，就越給人知性、優雅的感覺。如果要在這之中，求出中間的平衡感，反而會無法突顯設計的重點，因此要如何考慮比例關係，就是JUMP率一門很大的學問。應該先決定要設計哪種主題，才去調整JUMP率的大小。

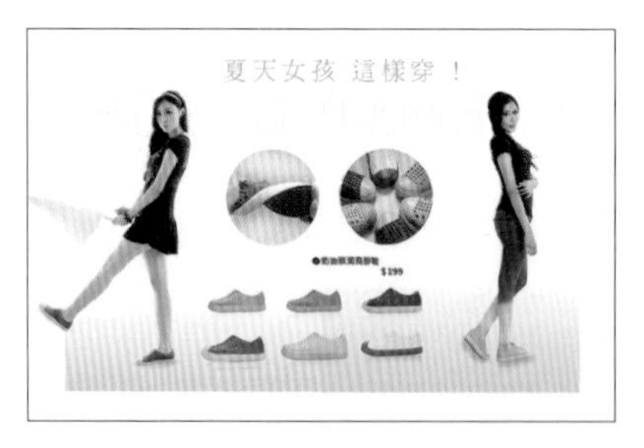

◀ 若JUMP率低，整體閱讀起來較為輕鬆、舒適

◀ 若JUMP率高，整體的表現較為有活力

1-19 排版技巧 比較法

所謂的比較法就是用不同的主體作對稱性的編排，讓閱讀者能利用版面中比較的方式得知資訊，如果運用得宜，可以讓閱讀者感到極大的震撼。除了用相關的主題之外，也能用反差的方式去做比較，例如使用前與使用後、他牌品質與我牌品質、時尚與粗曠、性感與個性等，都能得到不錯的效果。對稱性的編排方式有三種：平移對稱、點對點對稱、鏡像對稱。

平移對稱：適用於商品特性需要做比較時，直接將圖片和文字放置在版面裡的左右兩邊，適時的留白邊界，能讓閱讀者集中目光在商品照片與文字中。

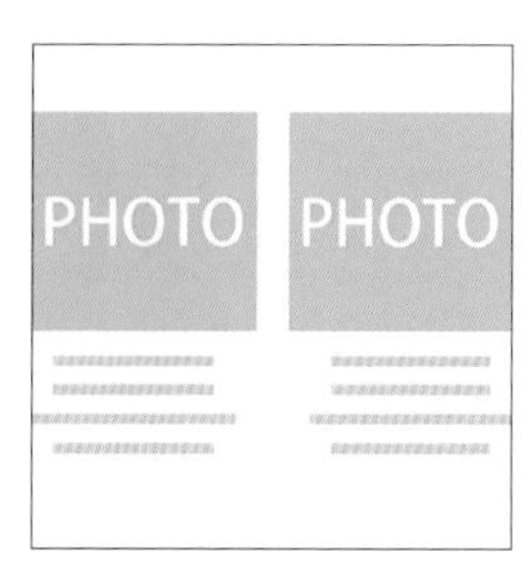

▲ 平移對稱示範

點對點對稱：用中間當作基準點，讓圖片與文字各自占據版面的四分之一，此版面適合資訊量較多、要讓閱讀者能輕鬆的接收資訊時使用。

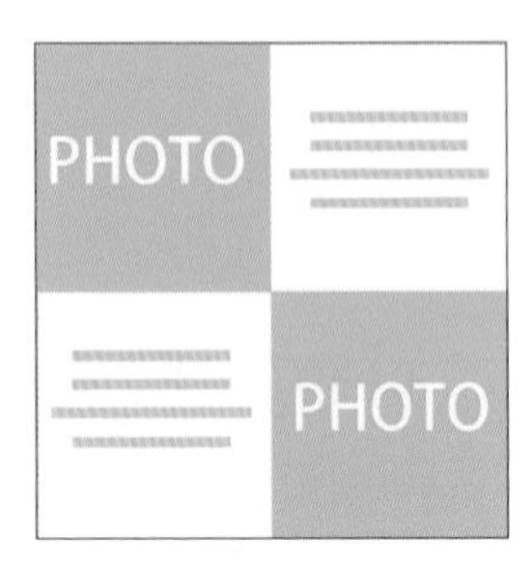

▲ 點對點對稱示範

鏡像對稱：如果主題設定要用大圖片來做呈現時，就能使用鏡像對稱，這也適合衝突的主題，例如前面提到的時尚與粗曠、性感與個性等。

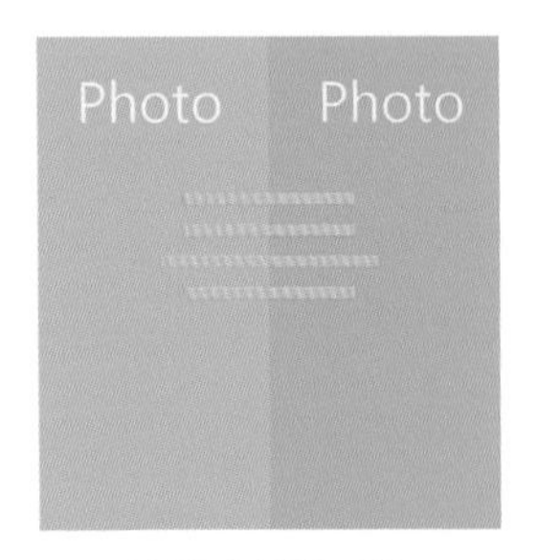

▲ 鏡像對稱示範

▲ 鏡像對稱商品示範圖

1-20 排版技巧 層次編排

一個好看的版面除了具備前幾頁各種要素之外，也必須要有高低起伏，讓某些部分特別突出才有張力，因此先要讓版面多了層次後，才可以強調主題中的重點。

要讓版面有層次編排的方式有：用文字大小做爲資訊重要性的排序、將相關資訊歸納成一組、用標題分類、用顏色分類。

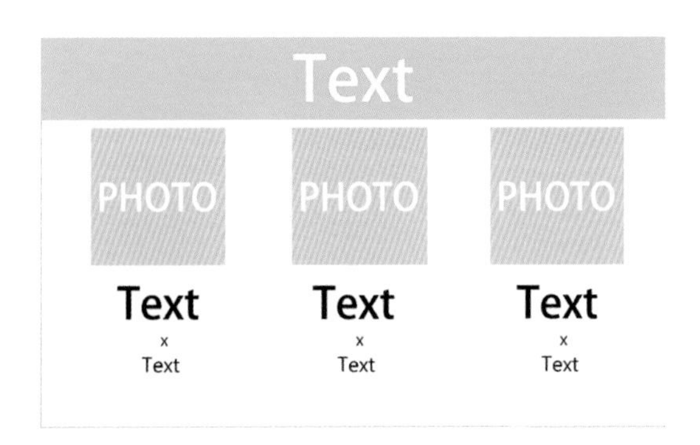

如以上簡易示範圖，將各種資訊用不同的方式呈現，這樣就能表現版面中的層次感。

如圖所示，主題是寵愛媽咪，祭出的優惠是專區任選兩件359元，並且可立即出貨，從版面編排來說，主題的部分用深綠色拉出區塊，表達明確的主題，接著用白色的字體強調快速出貨，中間則是用特殊文字與顯眼顏色說明優惠內容，下方用粉色矩形來和背景做出區隔，讓商品變得醒目。

1-21 排版技巧 引導線

在版面中加上引導線並不一定是眞的要加一條線上去，而是利用素材在版面上，依照眼睛所視物件指引方向，讓版面產生閱讀的引導路線，簡稱引導線，它可以是有形也可以無形。

如圖，運用斜切面的導線來讓閱讀者視線集中在中間的商品，左右兩邊用電腦主機的細部特寫做出畫龍點睛的效果，也符合3C產品要的流線感、科技感、效能感。

此示範圖的線條就沒有這麼明顯，但從閱讀者的角度來說，視線會很自然的被左上方較大的商品圖吸引，接著是中間的商品圖和價錢，再來會來到左下方商品圖，最後目光停在「免運」、「雜誌推薦款」，最後停下來的位置特別重要，因爲那兩個關鍵文案就是會勾引消費者衝動購物的心理，成爲有效攻擊。

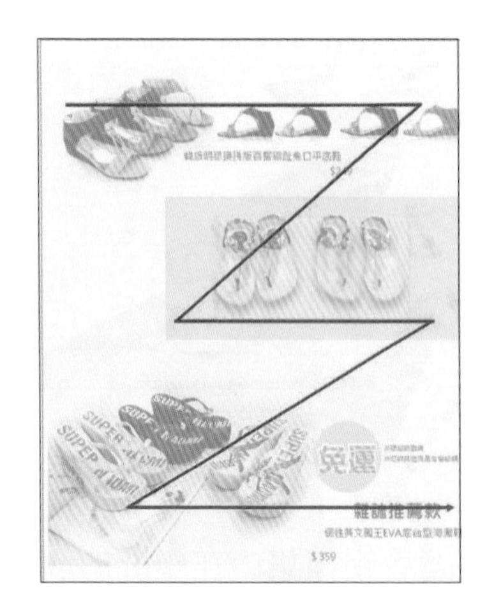

不管是動態、靜態的版面或畫面，並非每個人都習慣用同樣的由左至右、由上而下的方式逐一去觀看，所以在設計時，就得像下象棋一樣布局版面，從第一點開始，就要引導人的視覺動線，直到最後停留在哪裡。版面設計的最終目的本來就是將「特定資訊傳達給閱讀者」，所以設計時，版面的視覺動線也是設計中非常重要的一環。

1-22 文字和字型 字型類型

文字和字型

文字是視覺設計中最重要的傳達元素之一

製作版面時，字體的特性會影響訊息傳遞的氛圍和印象，必須根據自己設定主題時所需要的風格，來決定字體的使用。

所以字型可不是從下拉選單中看心情隨便挑選出一種來，然後用看順眼的方式選擇字體大小，必須了解各字體類型和屬性，將它靈活運用在版面中，成爲重要的傳達元素之一。

字體的分類

中文、日文——明體／黑體。

英文——襯線體／無襯線體。

中文、日文的示範

黑體	設計與行銷	デザイン
明體	設計與行銷	デザイン

英文的示範

無襯線	DESIGN	DESIGN
有襯線	DESIGN	DESIGN

明明是相同的文字，卻因為字體的種類屬性不同，而會有不同的感受。就先從大分類的明體、黑體、無襯線、有襯線開始掌握，接著再去琢磨其他同屬性的字體。

黑體／無襯線字體：沒有襯線的裝飾，橫畫與直畫的粗細一致，顯得強而有力，起源較晚，因為字體較為醒目，常被用於標題、標誌、重要提醒項目，但隨著時間的演進，也出現越來越多適合當內文的黑體字型。

明體／有襯線字體：是指線條的邊邊角角會有襯線裝飾，還有直線比橫線粗的字體。因為這樣的特色能增加文章的可讀性，表現方式較為傳統、古典、高貴、優雅。

1-23 文字和字型
字型給人的各種印象

就算屬於同樣派系也會有不同個性

如前面章節所提到，字體大略分爲「明體」與「黑體」，另外是「有襯線字體」、「無襯線字體」，雖然字體的屬性相同，但再細分下去，就會有不同的特色和演化。

明體的印象

嚴肅、粗獷、有力
男性、年代

行銷與設計
行銷與設計
行銷與設計
行銷與設計

中性、典雅、氣質
文靜、內斂

有襯線字體的印象

活力感、安穩
男性、厚實感

DESIGN
DESIGN
DESIGN
DESIGN

輕鬆、時尚
明亮、女性

無襯線字體的印象

萬用、安穩、有力
男性、大方

DESIGN
DESIGN
DESIGN
DESIGN

女性、時尚、現代
溫柔、簡約

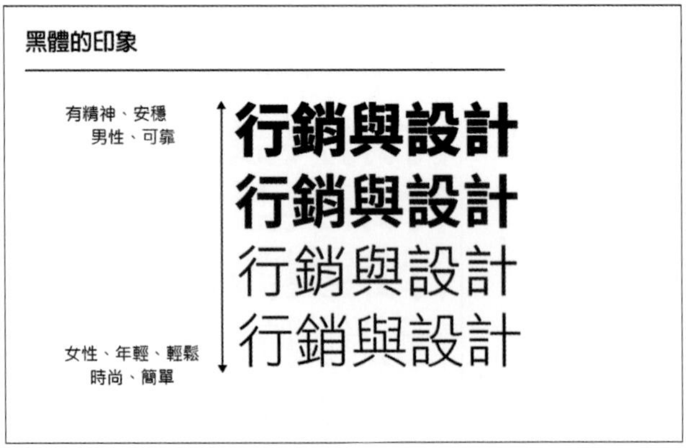

黑體的印象

有精神、安穩
男性、可靠

行銷與設計
行銷與設計
行銷與設計
行銷與設計

女性、年輕、輕鬆
時尚、簡單

黑體的演化

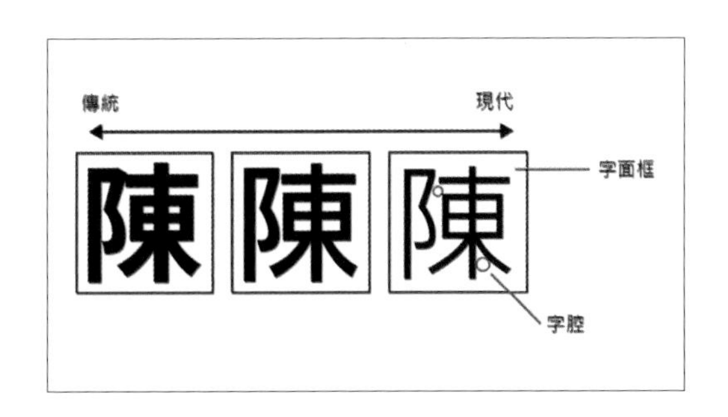

如上方示範圖，雖然同樣是黑體，但表現的方式還是有差別，最左邊來說，字面框小、字腔小，但隨著時代演變，字面框與字腔空間變多，增加閱讀性與現代感。

明體的演化

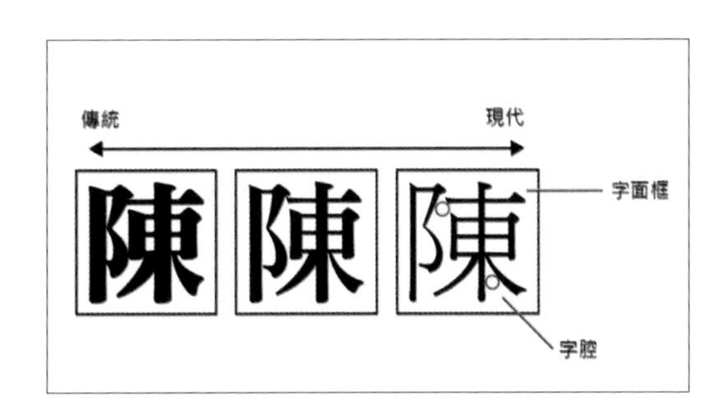

上圖的明體也是如此，保留書法、手寫的氛圍，但線條的裝飾被修飾的沒那麼生硬，增加現代感的特質。

1-24 文字和字型 字體介紹

掌握字體的各大分類與實用字體

我們先從「無襯線體」與「黑體」開始介紹。

無襯線體分成四個類型：早期無襯線體 、新無襯線體、人文無襯線體、幾何無襯線體。

早期無襯線體：此字體又稱爲歌德體、老英文字體，特色是非常誇張和華麗，是最早期的無襯線體。

新歌德體

字體：Arial

Design

新無襯線體：也稱爲新歌德體、過渡體，是標準無襯線字體，筆畫筆直，給人一種中規中矩的感覺，字體寬度的變化沒有像人文無襯線體那麼明顯，因爲外觀平凡沒有誇張特色的緣故，所以也被稱爲「無名」的無襯線體。

人文無襯線體：也稱爲古典體、人文主義體，文字特色在於筆畫中有粗細的變化來加強可讀性，具有書法風格的特色。

幾何無襯線體

字體：Century Gothic

Design

幾何無襯線體：這個字體也稱爲幾何體，從命名可以得知，幾何無襯線體就是用幾何形狀，透過直線和圓弧的比例來表達幾何美感的字體，簡約俐落的呈現，是最具有現代感、時尚感的字體。

黑體分成「黑體」與「圓體」等兩大類。黑體在日文中，稱爲ゴシック体，直譯就是「哥特體」，黑體是由日本先發明的，最早出現於明治十九年的官報小標題。

黑體

字體：華康粗黑體

行銷與設計

華康黑體：黑體的最佳典範與經典，閱讀性佳、字體清晰。

黑體

字體：信黑體

行銷與設計

信黑體：架構類似標楷體，剛好是介於傳統與現代的中間，直畫橫畫的排版恰當，比例均勻，非常適合內文閱讀。

黑體

字體：蘭亭黑

行銷與設計

蘭亭黑：字型平穩，適合各種主題需求，但缺點是過於密集，不適合做內文閱讀使用。

黑體　字體：蒙納正線體

行銷與設計

蒙納正線體：字體精細傳統，直畫橫畫的排版空間恰當，是香港人所愛用的字體，相當有香港氛圍，常使用於香港的報章雜誌中。

圓體　字體：源柔ゴシック

行銷與設計

圓體：其實圓體就是由黑體轉變而來的，圓體與黑體最大的不同在於筆畫的末端和轉角處，都是呈現圓弧狀，黑體則是有稜角，所以圓體除了比黑體還要更能容易閱讀之外，也給人柔和感。除了標題、內文之外，其他像是招牌、看板、宣傳單等，也都適合採用圓體。

接著來介紹「有襯線體」、「明體」。

有襯線體分成四個類型：舊體、過渡體、粗襯線、現代體。

舊體：這個字體會留下固定的傾斜角度，所以最細的部分不是在字體的最頂部或最底部的垂直方向，而是從左上到右下的斜角部分，用括弧形狀、傾斜來呈現細節；粗細線條的對比並不強烈，所以有較好的閱讀性。

舊體並不表示過時，反而只要是需要傳統風格的版面、需要大量閱讀的內文，都很適合做運用。

過渡體：也稱爲「巴洛克字體」，風格在舊體與現代體之間，故名爲「過渡體」，和舊體之差別，就是稍微加強線條粗細，比舊體更多了些對比感。

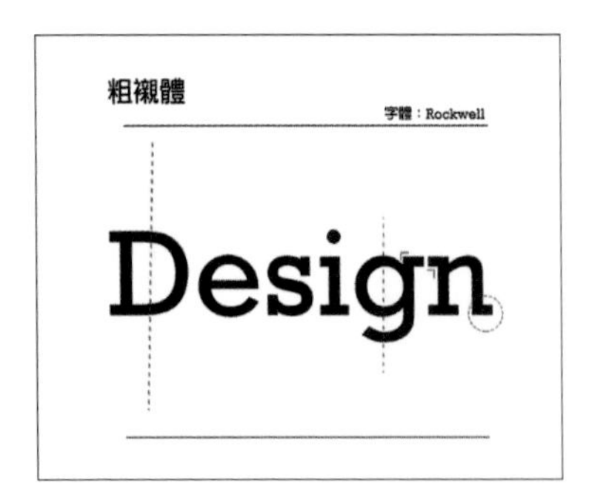

粗襯線：也稱爲「埃及體」，中筆畫的粗細差距比較小，然而襯線的部分與橫豎筆畫幾乎一樣粗，字體轉彎的弧度變得很小，最大的特色就是外觀粗厚又方方正正的，給人很結實、強而有力的感覺。

現代體：現代體加強了筆畫粗細之間的對比，比例變得工整，沒有手寫的痕跡，加重豎筆畫。另外，把襯線做得較細，會給人理性、現代的感覺。這樣的襯線體比較適合拿來做標題，不適合做爲版面中的內文讓人閱讀。

明體：中國大陸通稱宋體，在台灣則是稱爲明體或宋體，日本則是稱爲明朝體，筆畫粗細有極大變化，一般都是橫細直粗，末梢部分有裝飾，是以書法的形式做變換，有點、撇、捺、鉤等特色，常用於報章雜誌的內文中。

明體

行銷與設計

華康中明體：擁有書法的點、撇、捺、鉤等特色，但傳統感又沒有那麼濃厚，反而簡化，給人一種近代的時尚感。

明體

行銷與設計

蒙納宋體：筆畫有力，表達文化與傳統的技法，醒目的字體適合用於標題。

1-25 文字和字型 字型的協調感

字體在版面中的統一感

不要使用多種字體

就如同上個章節介紹，每種字體都有各自不同的風格，所以不建議一個版面裡有超過三種不同的字體，不然會破壞版面的美觀度與統一感。

就算一個版面要一次使用三種不同字體，那也要挑選不衝突類型的字體，什麼是不衝突？舉例來說，就是不要挑了「微軟正黑體」又加上「華康特粗明體」，那版面絕對會呈現四不像，讓閱讀者無法感受到明確的風格是什麼。除非有特別指定的需求，不然請避免在同一個版面上使用衝突字體。

雖然減少字體的種類，可以讓版面有統一感，但相反地，整個版面就會顯得死板、無趣。所以要適時的依照主題需求、設計風格、資訊內容等因素，去做字體種類的搭配，大致可以分成：

標題用字體以及內文用字體。

靈活的運用字體種類，就能讓資訊傳達的效果更好，

也不失版面美觀。

1-26 文字和字型
文字的間隔

改變字距與行距

要讓文字美觀與容易閱讀，挑選好適合的字體只是第一步，接著就要運用文字間的行距和字距。字距的意思就是字體與字體之間左右兩邊的距離，行距則是文字成行後，每行之間的距離，藉由調整字距和行距，來讓整個版面達到良好的平衡。若行距與字距都較為密集，可表現緊張感、嚴肅感，相反地，行距與字距較為鬆散，則能表現舒適感。

行 銷 與 設 計
從 平 面 設 計 到 行 銷 專 案 發 想 一 次 搞 定

行銷與設計
從平面設計到行銷專案發想一次搞定

調整字距

每個文字都有字面框，即使是同樣的字型，按部就班的打出來，也會因爲字型的不同，造成留白的多寡不同，明明字距的設定一樣，但從閱讀角度來看，會有一邊窄一邊寬的情形，容易產生縫隙。

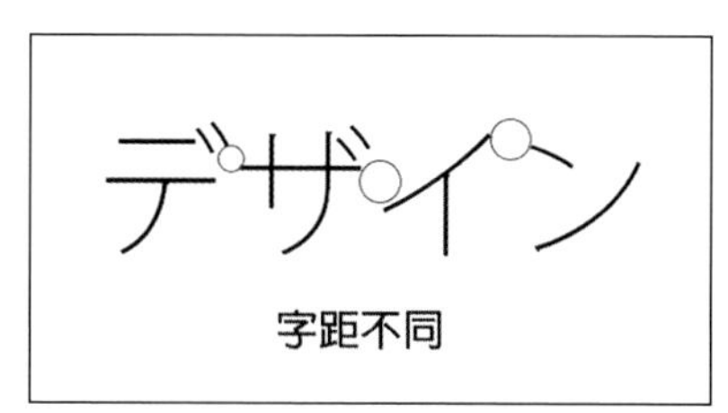

▲ 雖然字距數值一樣，但字距看起來卻不同

如上圖所示，「デ」和「ザ」之間代表距離的圈圈大小較小，另外「ザ」和「イ」之間距離的圈圈較大，會讓閱讀者在這段文字的視覺上看起來，顯得不工整。

因此調整字距的方式，可直接用眼睛自行判斷，手動調整，先用等比例的素材去做測量然後調整。

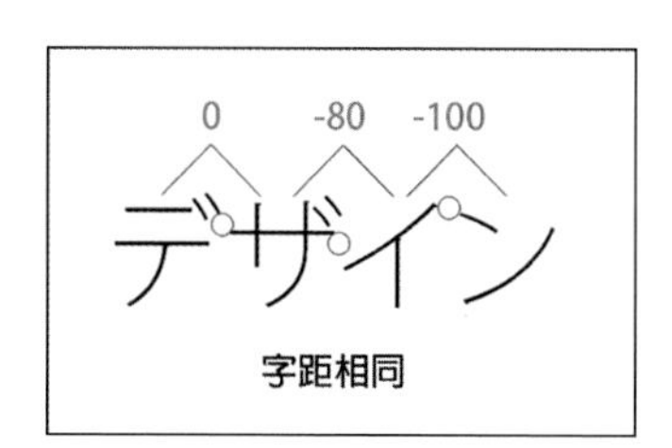

▲ 調整字距數值，讓字距相同

1-27 文字和字型
視覺化文字

吸引眼球的重要關鍵

資訊傳遞的關鍵在於圖片、文字，所以文字也占了非常大的重要性，雖然運用前面章節的技巧，可成功的用文字標題來塑造整個版面的視覺印象，但這樣還是不夠，因為一個好看的版面還要有強弱之分。

「紅花配綠葉」的概念。

人腦對於資訊的吸收度，一般來說都是圖像大於文字，因此必須將文字轉為圖像，才能讓人產生記憶點。

將文字圖像化的方法

如果文字的內容是實際物品，那就用實際物品的圖像去表現，如示範圖，將「時間」的文字改為鬧鐘的圖案，增加易讀性和記憶點，並將需要強調的資訊用方框框起來。

◀ 文字圖像化

如左圖所示，用文字將「任選2雙$398」放在商品圖片的右上角，明明排版沒問題、色彩也沒問題，但就是沒有張力，也無法引人注目。

將文字框起來，並且加以整理資訊，圖像化後，優惠資訊變得更搶眼，也讓人的眼球在第一時間就被吸引，並且將優惠資訊烙印在腦海中。

用各種元素去填充文字

見此示範圖，本版面要放上「MISS TEEN」、「MON SPACE」這兩個品牌名稱，若只是單純的將文字放在中間，使用綠色的對比色，雖然能引人注目，但卻會毫無設計感。我們利用背景的元素，將兩個字體都用背景的草地呈現文字，視覺上除了美觀之外，也能為品牌的設計形象加分。

2 行銷文案

行銷是什麼？

簡單來說，市場本質就是供給和需求，行銷就是在刺激需求。

2-1 行銷文案 文案基本技巧

文字基本要求

- 文筆通順，邏輯清楚
- 不可錯字
- 標點符號運用得當

文案的構成要件

好的文案在於寫作的基本功，在這裡開始分享幾項寫作技巧。

文案企劃內容最重要的就是「訴求」、「精簡」、「聯想力」，長篇大論的文案會降低消費者的閱讀興致，只要失去「傳達」的意義，不管文章寫得多動人、把商品說得再好，這都無用，所以「精簡」就很重要。用簡單的一段文字，快狠準直搗消費者的心中，消費者即使只是讀過短短的一段文字，腦海裡也會念念不忘。

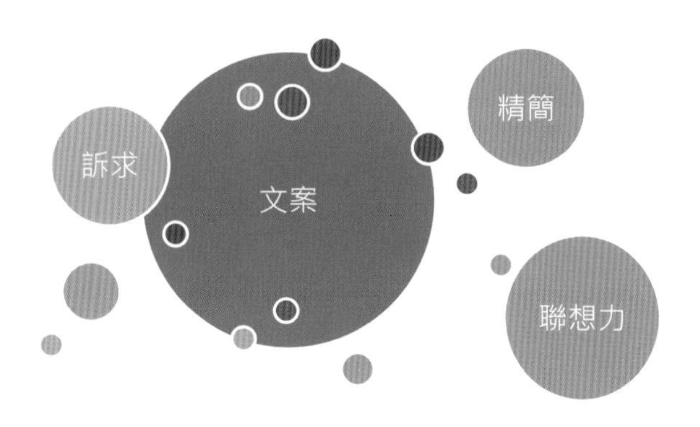

在每次寫行銷文案前，請先回答以下的問題：

這項產品可以滿足消費者什麼樣的需求？

為什麼消費者要選擇你？

不跟你買的理由是什麼？

文案企劃不是為賦新詞強說愁。

文案企劃分爲市場型和作家型，可以稱爲代表著商業和藝術，文案企劃可不是賣弄文句、心情抒發，說一些美侖美奐的詞語。而是在撰寫之前就要清楚定位出客群與市場，這都是事前必須做的調查工作。

必須知道消費者想看的是什麼，而不是讓消費者看你想的是什麼。

行銷文案

2-2 行銷企劃創意的養成

創意養成

- 反向思考
- 需求
- 觀察生活變化
- 蒐集資料

創意不是等待，而是隨時要紮穩基本功

偉大的創意雖然都是靠那偶爾的靈光一閃，但不可能是空坐在那邊，靈感和創意就會從天上掉下來，只要是專業的行銷人員、廣告人員一定都會做足以下的基本功，才有辦法寫出帶動產品銷售與打造品牌知名度的行銷企劃。

反向思考

很多人都會侷限在傳統和固定的思考模式中，如果無法反向思考和變換思考角度，那絕對是扼殺創意的行爲。例如，電腦爲何一定要這麼大一台，難道不能隨身攜帶嗎？所以，筆記型電腦出現了。若只是想要一台能閱讀、展示報告、查詢資料、隨身攜帶的電腦，難道不能再設計得更輕薄就如紙張那樣嗎？所以，平板電腦也跟著出現了。

以往都要帶著厚重的書本，費盡千辛萬苦跑到幾公里遠的地方學習新的知識，現在隨著網路越來越發達，難道不能只待在家裡就可以學習新的事物嗎？所以，數位學習平台就出現了。

需求

經濟學最基本的法則就是市場的供給與需求，供給與需求是互相對立的情況，只要供給越高需求就越低，競爭者多，那產品就會變得廉價；相反地，只要供給越低需求就越高，競爭者少，產品的價値自然會水漲船高。大部分來說，人就是在不斷的解決生活需求，所以你必須察覺什麼樣的需求尚未被滿足，並滿足其需求。

觀察生活變化

要隨時隨地觀察生活周遭的變化，舉凡人、事、物都包含在其中，將其當作創意發想的起源。舉例來說，現在實施一例一休，每個人出門旅遊的機會大增，因此會帶動汽車銷售、飯店業和觀光景點的商機。在車上大家喜歡聊天吃美食哼歌，所以就有廠商看到這樣的商機，推行藍芽無線麥克風，讓消費者能隨時隨地唱歌。

另外，不同的年齡層、所得、職業、性別、季節，都會有不同的消費習慣。如果梅雨季到了，那賣鞋的網店就可以推出流行款的雨鞋、防水噴霧；夏天到了，美妝網店就可以推出輕鬆無負擔防脫妝的睫毛膏。

蒐集資料

行銷人員必須隨時注意生活動態和變化，尤其是在變化萬千的網路世界，要掌握最新情報和資訊，就必須大量的閱讀商業刊物、注意時事、觀察網路流行事，也要閱讀各種領域的報章刊物，以便吸收後，成爲之後寫行銷文案的養分，如果知識貧乏，那創意的彈性也會相對減少。

2-3 行銷文案 企業最常發生的問題

最常見的錯誤

- 企畫書的內容完整性與判斷力不足
- 對公司內部的產品、文化、特色不夠了解
- 經驗不足

不管你的角色位置是行銷人員還是老闆，撰寫或閱讀一份新的行銷企畫書時，都可以先從以下幾個問題點切入，加以審視，避開缺失，並且提升行銷企畫書的品質。

企畫書的內容完整性與判斷力不足

在做Q1、Q2、Q3、Q4的行銷企劃時，須包含風格策略、定價策略、活動策略。不要只專注在自己的企劃中，也要隨時抬頭看看競爭對手現在正在出什麼招數，並且進行資料分析，判斷競爭對手的決勝點在哪，進而做出因應對策。這就是考驗行銷人員的判斷力，要做到平衡觀點與客觀判斷，避免偏頗某一方。

舉例如來說，網店要做「滿XXX元免運」的活動，並不是直接看競爭對手的免運費門檻是多少，我們比他們低一些就好，這就會落入「削價競爭」的心態。不管免運費的門檻設定成比競爭對手高或低，最大的重點在於，要如何在網店利益和消費者之間取得一個平衡，以作者的自身經驗，要直接將免運的成本加進產品的費用中，例如7-11超商取貨的大小最大只能容納三件商品，運費爲60元，等於是每件商品要多加20元的成本，當然還必須加上包材、客人退貨的費用。

假設網店是販售平價鞋款，以及其他相關鞋材配件，主力商品的定價爲490元，成本爲240元，賣一件商品賺250元，兩件定價就是980元，所以免運費的門檻建議設定在999元。設在999元有兩個原因，第一個就是999元跟1000元相比，三位數給消費者的感覺比較親切舒適；第二個原因，要讓消費者再湊一件商品，達到免運費的標準，而第三件商品消費者通常會選擇較便宜的鞋材配件，例如鞋墊、防水噴霧等。那第三件商品的利潤就是來抵掉運費的部分，從網店的商品策略來說，小東西本來就是要讓客人湊免運費用的。

對公司內部的產品、文化、特色不夠了解

如果對自身品牌、產品、特色、企業文化不夠了解的話，不管你學過再多的行銷課程、擁有多少創立大品牌的經驗、天馬行空的無限創意，都是無效的。

假設今天網店的優勢屬於平價的路線，那就要抓住這樣的特色去做行銷企劃與活動，利用以量制價的方式去推廣和衝刺業績，而不是砸大錢做品牌形象。

假設你擁有的是一批騎兵，但卻被你抓去海上打仗，就算每位都是陸地上的精英也會慘敗。

經驗不足

所謂的經驗，就是見識、知識的高度，有沒有人脈，或是身經百戰，立過什麼樣的戰功，擁有的成功與失敗經驗，或是碰到問題時，能否有效率的完整解決。舉例來說，過年時要做一檔年貨掃街下殺活動，如果你只是單純拉出幾款商品，接著鋪上活動，那就會遇到幾個問題。

季節：萬一今年剛好是暖冬，天氣一點都不熱，大家根本不會想買羽絨衣、雪靴等禦寒商品，反而要用其他商品衝買氣，用秋冬商品當輔助。

貨量：在執行行銷活動前，就必須先做好效益評估，並且壓好貨量，畢竟過年期間工廠都會休息暫停出貨，這當中也必須注意市場買氣、季節，才去做決策和判斷。

視野：會不會只看近不看遠、短視近利？只策劃能快速衝業績的行銷策略，卻沒發現市場需求已經改變了？行銷人員對於視野和格局要特別注意，不能將自己定型或只是爲了短暫的利益，要保持著洞察未來的眼光。舉例來說，當「小確幸」一詞出現、薪資22K上路，每個人都縮緊荷包；察覺到平價趨勢，就要推出符合需求的商品，所以讓Lativ、86小舖、東京著衣等多間知名網店快速崛起。因此不要侷限閱讀範圍，應多與人交換情報、多參加演講和課程，以彌補經驗上的不足。

行銷文案

2-4 網店文案企劃基本介紹

網店文案企劃的組成

文案企劃分成三大類：廣告文句、主題活動、產品介紹。

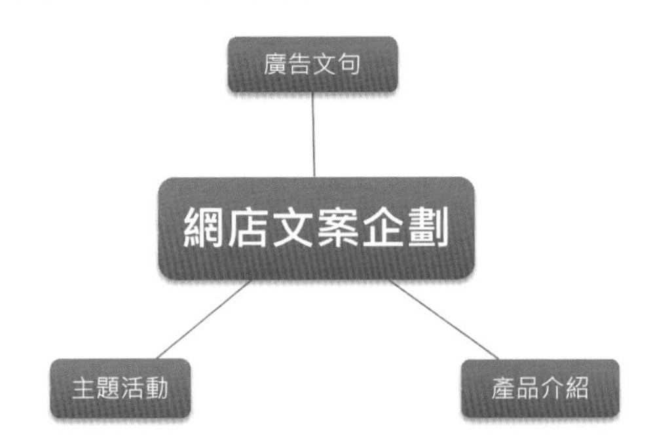

廣告文句：用最精簡的文字去表達整個廣告內容。例如要推出包包的新品牌，鎖定的客群是都市的成熟女性，約25～35歲、定價爲$980～2000元之間的中價位，這段年齡層基本上都是經濟獨立的女性，訴求就可以走向知性與感性，讓客人感覺只要背你們自家的包包走在路上，除了包包汰換率不會很高，也帶有時尚感，那文案企劃就可以這麼寫。

品項：包包

價位：$980～2000 元

年齡：25～35歲

標語：與時尚的不期而遇

這句標語要給消費者的感覺就是，不用很緊迫的追著時尚跑，或許是在哪天早晨，你梳妝打扮好背著包包出門，從星巴克買完一杯拿鐵出來門口，就在轉角處看見了時尚，讓你在這城市中，開始對和時尚相遇有了一些期待。這也符合前面章節所說的「訴求」、「精簡」、「聯想力」。

產品介紹：清楚的介紹產品的特色與功能，如下方範例。

DETAIL_ 防水尼龍

嚴選材質皮革，高端品質，絕佳觸感。

此款包包的特色之一就是防水的尼龍布材質，除了攝影時要拍出防水效果，還要搭配文案介紹，將功能訊息清楚傳達至消費者眼中。

主題活動：當舉辦促銷活動時，就必須撰寫與活動主題相關的文案，例如母親節主題，可以寫得比較溫馨，加入「感恩」、「回饋」等關鍵字。

文案也可以用測試的方式去改進，同樣一項產品，你可以先放上兩種不同風格的文案，並觀察哪一種的銷售效果最好。換掉效果差的文案同時，也能知道效果好的文案爲何會成功，下次可以採用類似的撰寫方式。

2-5 行銷文案 網購商品文案要掌握的法則

依靠文案勾起買家衝動購買的欲望

互動——用文字結合視覺效果

想像一下，假設這間虛擬的網路商店就是一間實體店面，客人走進來，要買一件上衣，你不可能只是死板板的先說價位，然後再指著商品訴說布料、材質。

一般應該是先拿起商品，說明衣服材質（例如：純綿），然後從衣服的下擺翻過來，讓客人摸面料親自去感受舒適度。對！你會爲了想讓客人感受到面料的舒適度而讓親手去摸吧。

換位思考，如果是要在虛擬商店中呈現「舒適面料」呢？

因此在拍攝衣服時，可以在衣服的平整處，以一個點爲中心慢慢捲起來拍攝，並加上「舒適美國棉」字樣，還有手捧棉花的圖樣，把這張照片放在商品內頁介紹中的細節部分，這樣是不是就能感覺到這款衣服材質相當舒服呢？

以上示範圖，從消費者的角度觀看，是不是很有「舒適」的感覺呢？

打鐵趁熱，再舉另外一個例子。

假設今天要販售一款簡約透氣又修飾身材的女性運動衣，如果只是找模特兒拍攝後直接放上去，那就太可惜了。因爲大家只會看到一位很漂亮的模特兒穿著一件運動衣。

但如果這時候在穿上產品的模特兒周圍加上外力受力的箭頭和修身方向角度，就能誘使買家相信，穿上這款運動衣後，能像模特兒那樣達到修身效果。

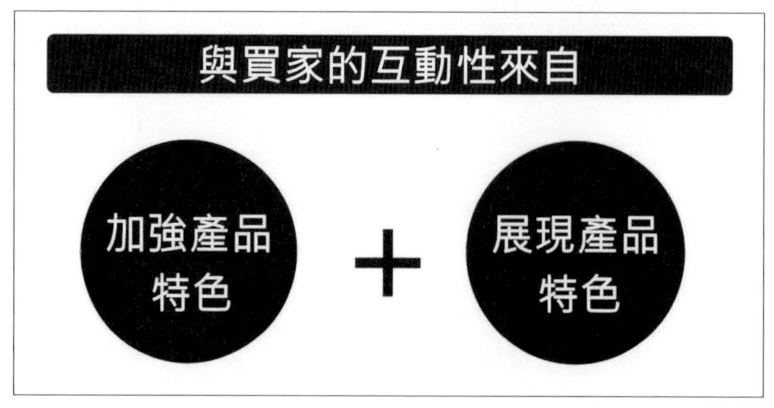

建議 ——用朋友的口吻交流

現在的網路買家非常討厭過度商業化的文章，反而是用朋友的口吻才會讓買家感到「眞心」。就連現在網路流行的業配廣告影片，都會用故事性帶入的方式表現。

文字部分除了能用「朋友口吻」、「關心語氣」訴說之外，也可以加上一些表情符號，增加親切感。

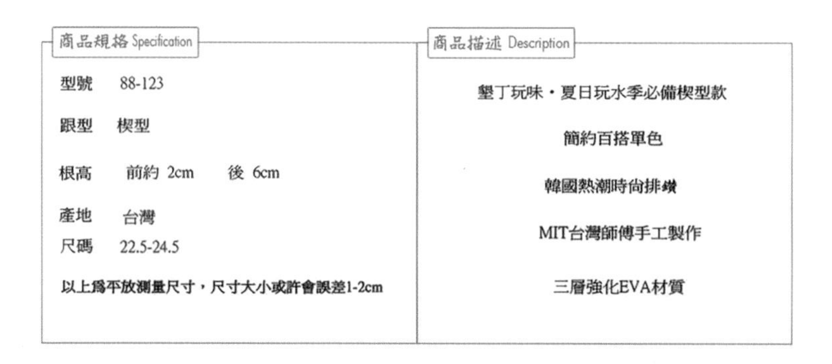

上圖的商品規格和商品描述都是中規中矩，文案方面也都沒有什麼問題，描述部分也能清楚說明，但就是似乎少了份親切感。

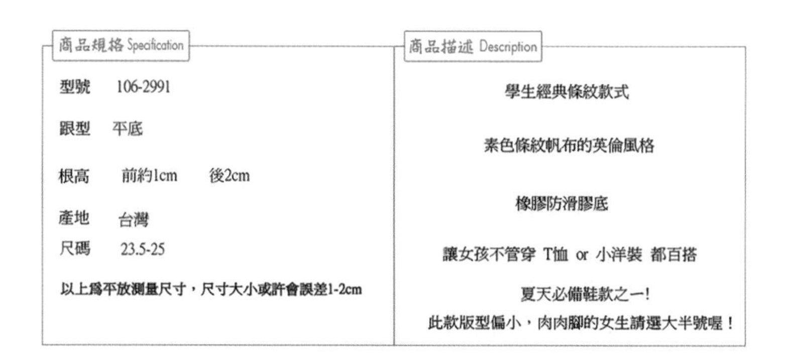

上頁下圖就是成功案例，左邊說明商品規格，而右邊商品描述部分，在說完商品特色後，直接建議適合此鞋款的穿搭。另外，購買鞋子方面買家最在乎的就是尺寸疑慮，在親自試過版型偏大或偏小後，再建議買家該如何選購，買家就會打從心底感到特別親切。

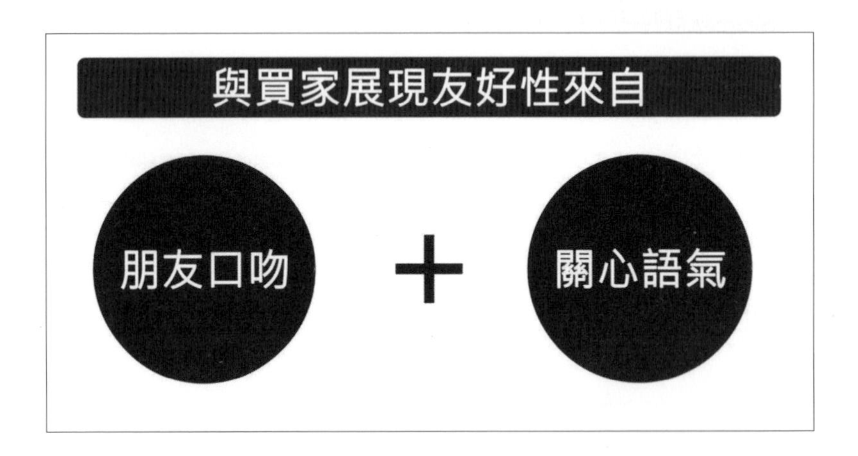

誘導 ——對買家下達限制條件

利用誘導性的行銷術語，這可是必備的行銷絕技。

最重要的關鍵是用「限量」、「限時」、「折扣」等元素，對買家下達「限制條件」，就能達成誘導。藉由這些方式去發揮，例如「限量，售完不補貨」、「下殺破盤價」、「限時下殺」、「現貨供應，快速出貨」等專一方式誘導，或者是將各種元素融合起來一起使用，效果也會相當好。

例如上圖這張雙11活動的Banner圖片，短短的四行字就用了「限時」、「打折」等元素做誘導。

此活動Banner就是用「免運」、「現貨」、「快速出貨」等方式對買家做誘導。

重點在於要讓買家沒有時間去思考、判斷、比較商品，而是迅速的把商品加入購物車中，然後結帳。

另外，誘導性的高招並非靠文案，而是靠「加購」及「建議商品」等。

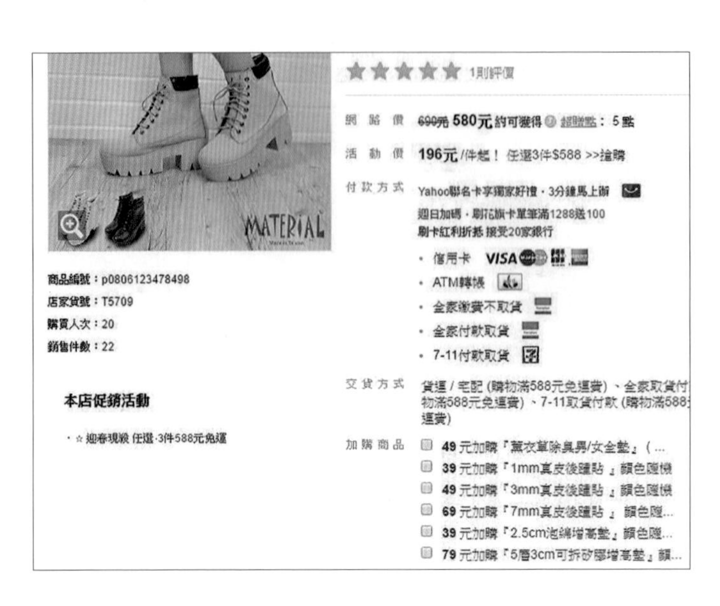

如果你的商品是一個中心點，那延伸出去的相關商品就像樹枝那樣，例如你賣的主要商品是西裝，那加購品或是類似商品就可以是領帶、名片夾、皮鞋、襯衫、香水等。如果是販售鞋子，就可以放鞋墊、除臭劑、增高墊等。買家看到就會想要一次帶走全部買齊。

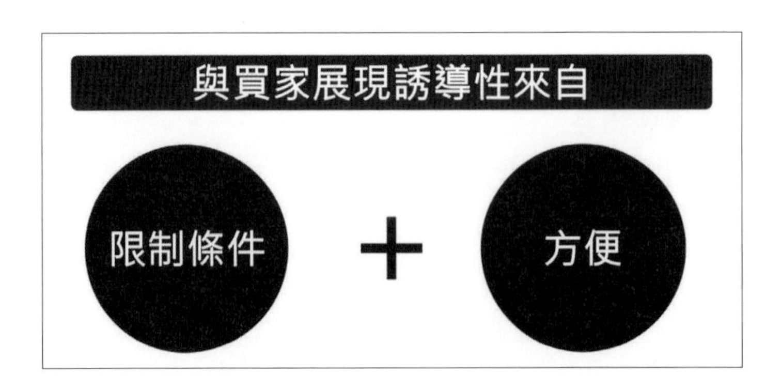

季節——最容易炒作的行銷活動

「季節性」這個特點是最好發揮的，節慶活動都是商人自己創造出來的，只要配合季節和重要節日，提供適合的商品和文案，都能發揮很好的效果。例如在夏天的時候賣服飾，就可以主打「夏天海邊玩水比基尼熱賣狂銷！」；在冬天的時候就可以放上「極度保暖，羽絨外套快速出貨」、「資訊月3C商品下殺破盤價」等。

只要視覺和文案做得應景，這些方法都很容易奏效。

夏天會去海灘玩水，那麼文案上一定要說明玩水這件事情，說服買家購買我們的海灘拖鞋。

如果當月沒有任何節日節慶的話，那也可以自己創造一個名目，例如網店的品牌月、週年慶等。

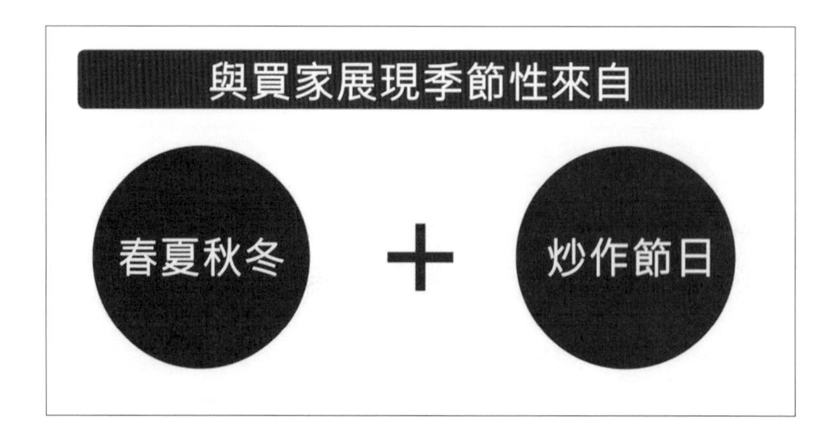

完整性——商品一定要完整介紹

在網路的世界中，買家看不到商品的實體，所以文案中一定要特別寫清楚商品的規格、材質、屬性、注意事項，另外還要提供各種角度的照片，如果附有影片的話那就更好，這樣買家才不會有看沒有懂，還要花時間詢問賣家，這一來一往之間可能就會喪失買家購買的心意。當讓買家有了幾秒的停頓思考，就有極大的可能失去這筆交易，因此要做的是，必須把商品交待清楚，如果是衣服、鞋子等需要試穿的商品，也要放上模特兒試穿的尺碼。

尺碼對照參考

腳長	腳寬	日本碼	歐洲碼
22.1-22.5	7	22.5	35
22.6-23	8	23	36
23.1-23.5	9	23.5	37
23.6-24	10	24	38
24.1-24.5	11	24.5	39
24.6-25	12	25	40

※商品資訊僅供買家參考，請依個人實際尺寸評估。

商品尺寸表 /

跟型	重量	高度	內增高	踝圍	筒圍	筒高	長	寬
平底								

版型	正常	鞋底	橡膠止滑底
產地	台灣	材質	
鞋面	嚴選pu革	適用高度	
內裡			

試穿參考

試穿者	腳長	腳寬	腳背圍	小腿圍	平常穿	此款穿
A 小姐	24CM	9CM			24	24
B 小姐	23.5CM	9CM			24	24

商品資訊備註

例如此示範圖，由上往下看，尺碼對照的部分，有腳長和腳寬的建議穿著尺碼，還有分出日本碼和歐洲碼，讓買家不用去擔心不合腳的問題。接著詳述鞋子的規格，方便買家清楚了解商品內容。最下面則是試穿者的尺碼分享，賣家給予買家體貼的試穿建議，以便增加買家購買的信心。

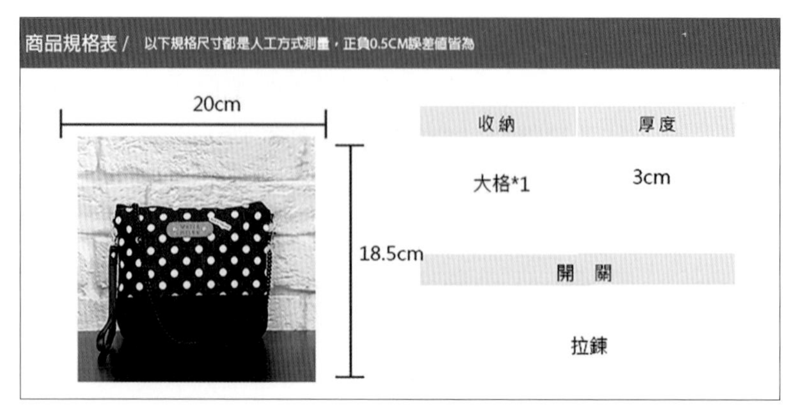

▲ 此圖雖然有說明商品規格，但細節方面仍然不夠，需要把產品的亮點加強放大

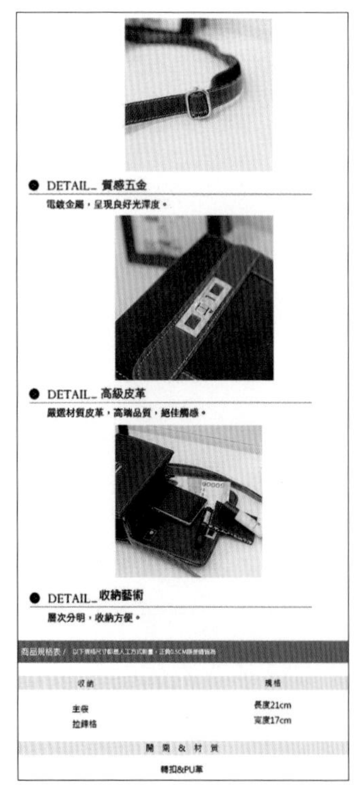

◀ 此圖在商品說明的部分就相當完整，利用圖片搭配文案說明，清楚介紹商品規格，能快速的吸引買家目光

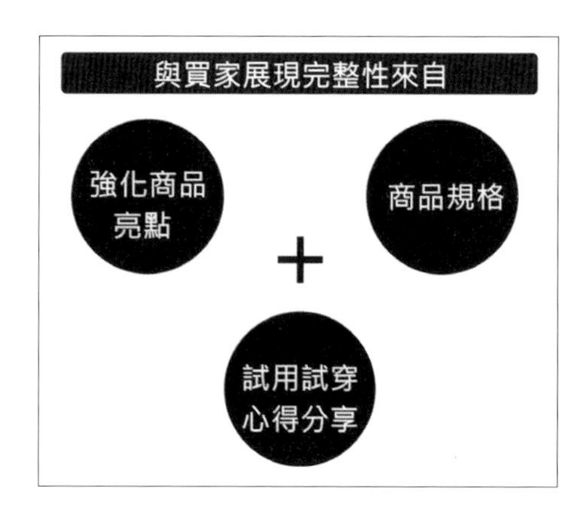

人性化——流暢的購物流程

不管是自行架設網站或是進駐知名的網路平台販售商品，都一定要做一張購物流程的說明圖，第一，能讓消費者安心；第二，減少客戶詢問時間，間接影響購物意願。最好就是不需要讓客戶花時間去煩惱要怎麼下標購買結帳，還要有完整的售後服務說明、退貨機制，讓消費者感覺安心。

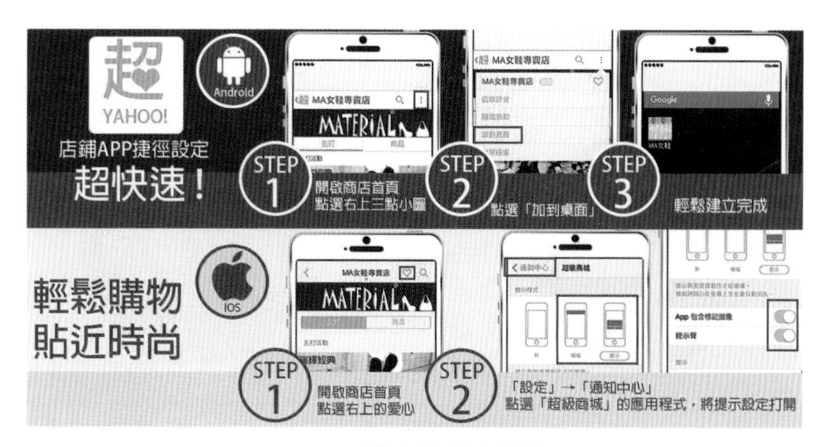

▲ APP設定說明流程圖

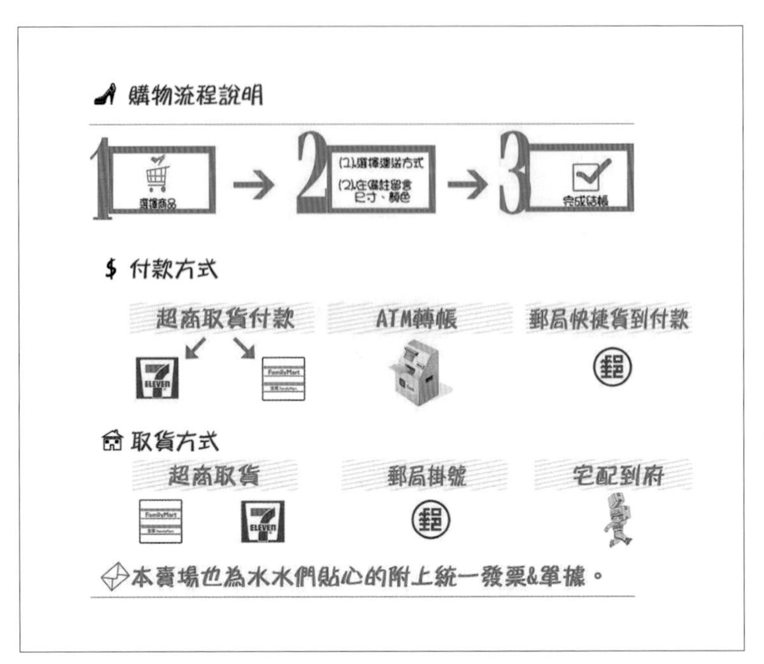

▲ 賣場的付款方式及取貨方式

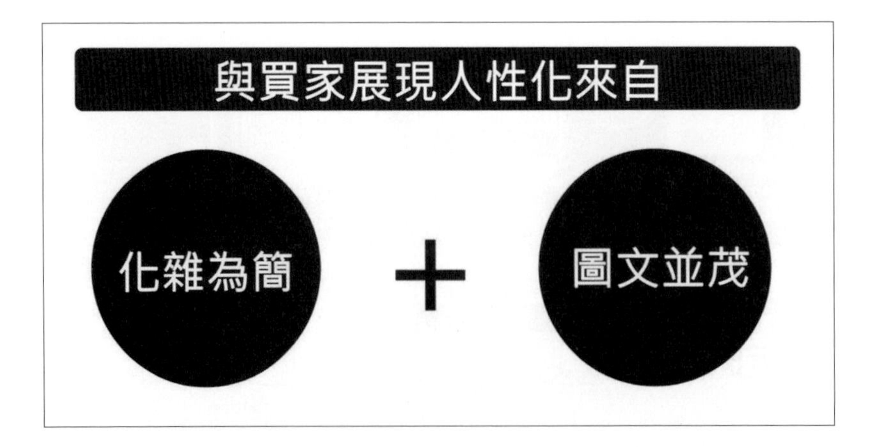

2-6 行銷文案
行銷6P

網路行銷術致勝關鍵密碼之一

自從2004年臉書（Facebook）創立，加上智慧型手機發明之後，全世界的行銷模式有了極大的轉變，傳統的行銷媒體（電視、報章雜誌、街道廣告招牌）也被分散到網路媒體上，這也間接改變了原先行銷4P（Product／產品、Promotion／促銷、Place／通路、Price／價格）的經典理論。

菲利普・科特勒爲行銷學之父，在1967年確認了行銷4P理論，隨後爲了因應智慧型經濟時代，過去的4P已經不足以應付這激烈競爭的網路世代，所以他又更大膽的提出了行銷6P。

現在人手一支智慧型手機，儼然我們已從傳統廣告時代轉變爲掌上經濟時代、眼球經濟時代，因爲大數據和行動網路的關係，也讓廣告投放更精準了，能針對廠商需求而選擇投放某個特定族群的消費者，讓行銷也開啓了網路的另一個天地。

掌上經濟時代，就是強調如何用最快速的方式，吸引顧客的眼球，讓顧客衝動購物，爲了能因應時代轉變，所以我們在網路行銷4P上另外加入了Public Relation／公眾輿論、Penetration／滲透。

接下來，我們一一介紹什麼叫行銷6P。

Product/產品

產品策略就是網店中最重要的基礎，商品除了高品質、功能好、使用方便、耐用、包裝、保固、時尚之外，品項還要有多元選擇的空間。

如果今天你經營的是賣手機的網店，以手機爲主力商品，那一定會另外販售行動電源、智慧手環、手機相機的擴充鏡頭、手機殼、各式各樣的線材等。

假設今天是賣鞋子，除了各式各樣的鞋款之外，另外可以販售鞋墊、後腫貼、防水噴霧、襪子等。

只要商品越齊全，消費者會越容易下單，最大誘因就是可以節省運費，又能一次就收到貨。

假設網店的主力商品是女性服飾，請不要又另外賣拍立得相機這種無關之商品，這樣只會把網店搞得四不像，抹去消費者對網店的特色印象。在網路世界裡，只要是沒有特色的網店，消費者的回購率就會大幅減少，若沒有回購率，不管網店一開始做得如何有聲有色，這都會變成致命傷。

要專注在產品上面，所以產品採購方面的比例非常重要，不管是銷售哪類型產品的網店，產品的比例最好分配在70%、20%、10%。

假設以女性服飾來說，70%的產品可以專注在服飾（衣著、褲裙、外著、套裝）上面，另外20%則是造型配件（包款、飾品），最後的10%專門做過季商品的出清。

如果需要出清的商品比例超過太多，那就要檢視採購部、研發部、設計部是不是要做些調整與改善。

Promotion／促銷

Promotion直譯爲促銷，但也有「推廣」的意思，推廣的項目有：找品牌代言人、電視廣告與宣傳影片、做公益打品牌形象、完整的行銷企劃與活動策略。

品牌代言人：如果公司的資金夠雄厚，可以考慮找品牌代言人，但要依代言人的形象去做選擇，也要定位代言人本身屬於哪一塊市場，才有精準投放廣告的效果。如果販售的產品是拖把，那就可以鎖定家庭主婦市場的藝人、明星；如果販售運動手環，那就可以鎖定國內的運動明星。

電視廣告與宣傳影片：傳統廣告傳達的媒介爲電視、廣播、報章雜誌，廣告比較難做到分眾化，只能做到大眾化行銷、無差異行銷，今天某個老牌子知名藥商買了二十秒的電視廣告，播放新上市的感冒藥廣告，雖然有宣傳的效果，但受眾群太廣泛，一台電視同時可以好幾個人看，但不一定每個人都喜歡這個品牌。相反地，現在大家漸漸的將目光轉移到手機、平板電腦上，其中很重要的原因，是因爲大家能看到自己想看到的資訊，大數據除了能把使用者填寫的基本資料當作依據，也會把所有人瀏覽過的網店記錄起來，再抓取相似的廣告來投放，藉此達到宣傳效果。

做公益打品牌形象：做公益並不是捐越多錢，讓自己品牌的贊助標誌越大越好。假設網店的主打是服飾，那將衣服捐給慈善單位做公益，除了做善事，也能間接推銷自己的商品，讓接受捐贈的人穿上自家的品牌服飾，就能多一份親切感和溫暖。例如鞋子也能祭出買一雙捐一雙的公益活動，除了消費者買單之外，也能幫自家品牌加溫。用自家的商品做公益，會比直接捐大筆的錢還要有效果。

Place／通路

只要誰掌握了通路，誰就能占領市場的王位。自從掌上經濟時代來臨後，實體通路面臨危機，但也是轉機。現在實體店家一直在做的就是讓實體和虛擬能相輔相成，將網路的買家引導至實體店家，把實體店家引導到網路店家，成爲一個完美的商業閉環，互相連通，因爲實體和虛擬都有各自不同的優勢和能實施的事情。

Price／價格

定價是決定一件商品的生殺大權，要注意的事項有：定價合理、讓消費者感到物超所值、價位和品牌定位與目標客層一致。

Public Relations／公衆輿論

輿論也是「民意」的意思，這是由品牌的「態度」、「信念」、「價值」所組成，任何的網店都要做公關，公關對象有：

媒體、消費者、政府機構、社會機構等。最大目的就是在社會大眾和相關媒體面前建立良好的品牌形象。

Penetraiont／滲透

掌上經濟時代的來臨，講求如何快速的吸引眼球，除了商品功能性強之外，在視覺上也不能馬虎，再者就是包裝、品牌印象的視覺。例如蘋果公司，不管是網站、發表會、iPhone、MAC等，一系列的高質感、極簡，彰顯獨特的專業和個人品味，這樣的品牌印象讓大家爲之瘋狂，只要是從事設計工作、文創，甚至是業務人員都愛不釋手。

用那樣的品牌印象滲透到生活中的各個角落，即使消費者沒有以上的需求，也會想買一台MAC作爲平常使用，藉此襯托自己的品味。

行銷文案

2-7 行銷4S

網路行銷術致勝關鍵密碼之二

一部好看的電影背後，一定有著充滿張力的劇本，就算是長篇故事、不需要台詞，短短幾秒鐘的廣告或宣傳影片，也需要劇本。通常編劇在故事中最常用的技巧就是Suspense／懸疑、Surprise／驚奇、Satisfy／期待、Solution／解答，這幾乎是一部電影、戲劇、小說必走的流程。這四種技巧只要分別拆解，並且添加商業元素，就能拿來行銷的領域做使用。

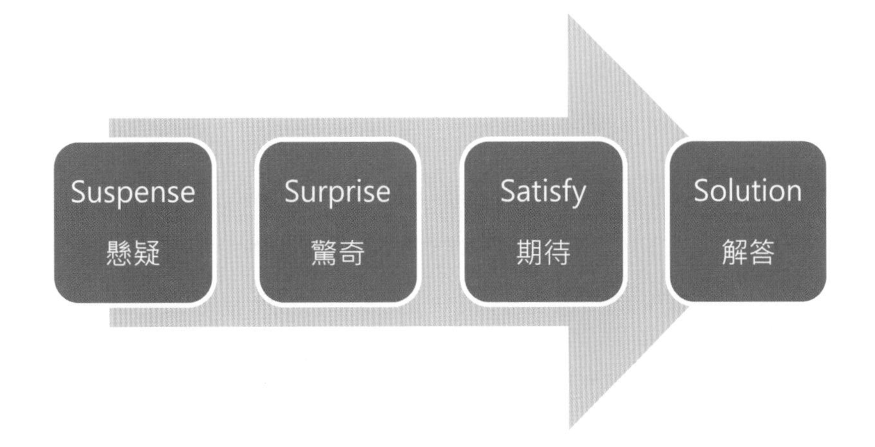

我們可以來參考蘋果公司是如何運用行銷4S的。

Suspense／懸疑

蘋果公司對自己的要求很高，總是把最好的產品端出來給消費者，例如iPhone的更新速度，雖然一年才推出一隻新款，但每次出來都讓人爲之驚豔。

現在是資訊快速的年代，如果一年才獲得大家一次注意，那發表會後一定會被遺忘的很快。

所以要適時的製造懸疑，例如新款的概念機不小心被工程師遺忘在酒吧中，這時消費者就會開始不斷猜測，3C達人們也會在這時候跳出來，將以前的歷代機種都拿出來做比較、分析，並且推測眞實性有多高。

儘管讓人摸不著頭緒，只要引起人的好奇心，吊足胃口，就會使人不經意的想要一探究竟，從中找到解答。例如利用「不把話說完」的斷句，讓閱讀者感覺到好奇、想知道，就能達到「懸疑」的效果。

Surprise／驚奇

重點在於「出其不意，攻其不備」，起手式可以先用文字誤導閱讀者，讓閱讀者以為是這樣，結果卻是另外一回事，這就能達到驚奇的效果。另外，「製造反差」也是一種手法，例如前面鋪陳出令人很失落的感覺，但結果卻是喜悅的，也會讓閱讀者印象深刻。

賈伯斯在2005年9月，推出iPod的第四種型號「nano」來取代原本的iPod mini，介紹的一開始，賈伯斯就以慢慢鋪陳的方式，先說原本iPod mini多了很多競爭對手，這次蘋果選擇做了很大膽的事，賈伯斯身後的螢幕畫面轉變為牛仔褲的右側口袋，特寫了大口袋和離腰間很近的小口袋，「iPod」幾個字就打在牛仔褲口袋的位置，賈伯斯緩緩說道，當初用這個口袋就能裝下一台iPod mini，但現在有一個全新的向上設計，新的iPod可以裝下一千首歌曲。接著背後螢幕轉換畫面，開始特寫賈伯斯的牛仔褲口袋，賈伯斯此時指了指牛仔褲的口袋說，我口袋裡已經有一台iPod nano了，將手伸進去又伸出來，並說道：「傳統上iPod都會放在這裡」。

突然話鋒一轉，賈伯斯指了指牛仔褲上方的小口袋，問大家說：「你永遠不知道這個小口袋是做什麼用的，對吧？喔！我想現在我知道了。」接著從那個小口袋掏出一台體積極小的iPod nano，說：「這是新的iPod。」奪得現場所有人的驚呼和驚訝。

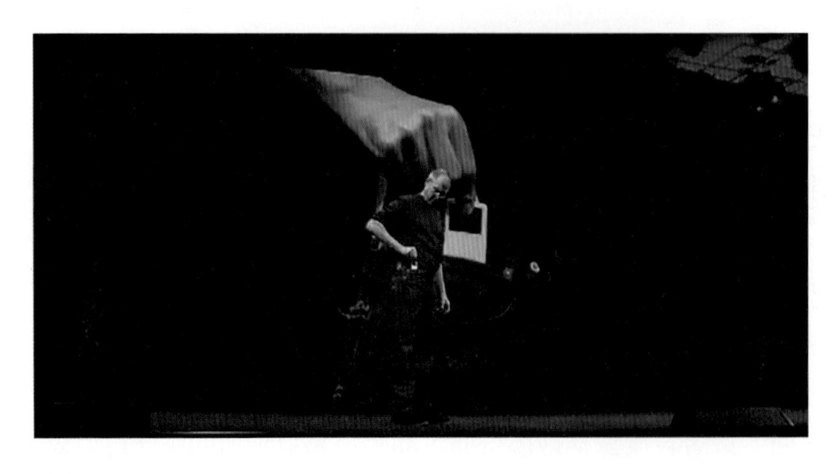

資料來源：https://www.youtube.com/watch?v=7GRv-kv5XEg&t=116s

Satisfy／期待

使用「期待」這個手法最成功的案例之一，也是蘋果公司，每次當他們舉辦發表會，就是許多蘋果迷和3C達人摩拳擦掌的時刻，萬眾都在矚目等著蘋果公司這次又要推出什麼樣革命性的新產品。因爲每次蘋果公司都會製造驚喜，才會那麼讓人期待。

只要是大品牌，到每季的發表會，都會有一群死忠粉絲和顧客期待這季又要推出什麼商品。同樣地，網店可以固定在每個月的25日辦下殺活動，只要顧客習慣之後，就會固定的在25號當天自己點入網店內，期待這個月又有什麼商品要下殺。

Solution／解答

這個方式和懸疑的技巧剛好相反，反而是一開始就把答案擺在眼前，讓閱讀者摸不著頭緒，藉此勾起好奇心，重點在於這必須要是新推出的商品，而不是拿歷代的舊商品做改版。

就好比賈伯斯在2010年1月推出iPad的第一代，介於手機和筆記型電腦之間的產品，也改變了使用者習慣，自此讓平板電腦開始流行。

2-8 行銷文案 SWOT分析

市場行銷基礎分析之一

SWOT分析可以稱為強弱危機分析，又稱優劣分析。SWOT分析在最理想的情況下，是需要由一個團隊來進行分析，成員分別是了解公司內部資訊的經理級主管、市場前線的銷售人員、行銷整合人員、專案管理人員。

SWOT分別為： **優勢**（*Strengths*）、**劣勢**（*Weaknesses*）、**機會**（*Opportunities*）、**威脅**（*Threats*）。

消費者憑什麼買你的商品？

行銷企劃最基本的就是要有分析能力，能做好外部環境分析「機會」、「威脅」與內部環境分析「優勢」、「劣勢」。

正所謂「知己知彼，百戰百勝」，在進行分析前需要先取得大量的市場資訊，接著分析整理歸納，提出行銷企劃，資訊越完整，可信度就越高，做出的行銷企劃案就會比較貼近市場需求並且產生較高效益；最怕的就是蒐集的資料不足，變成用主觀認知、以往經驗或是直覺判斷，這樣很容易造成策略無效，當然以前如果有什麼行銷策略是可行的，也還是要依照品牌定位、市場變化等各種情況下去判斷。

在分析外部環境時，如前所述之外，必須調查每項個體，例如：消費者、中盤商、製造商、同業競爭者等。在分析後找出「機會」，接著抓出這項企劃的成效能回饋多少、帶來多大的效益，並且有多少的風險影響和能不能承受資源消耗。另外要分析競爭者是不是也有相同的「機會」，可能會藉此成為「威脅」，經由分析外部環境後，才能運用自己的優勢做出適合的策略。

而內部環境則是會隨著組織內部的資源、人員而改變，這可以從內部的資源分配、核心能力、研發技術、資金等等去檢視並且分析優劣，接著就能轉換為策略。

內部環境	優勢（Strengths）	劣勢（Weaknesses）
外部環境	機會（Opportunities）	威脅（Threats）

範例一

假設一間知名的包裝茶品牌，在地經營超過十年以上，市占率約5～7%，價格為中低價位。

優勢：喝茶的人口逐年上升、品牌形象良好、品質嚴格把關，使用在地茶葉。

劣勢：品牌形象老化，時尚與現代感不夠。

機會：喝茶年齡層廣泛、養生意識抬頭、外食族會購買便利性較高的茶飲。

威脅：茶安風暴事件影響消費者的購買信心、咖啡飲品更有提神效果。

經過蒐集資料和交叉比對之後，得知優勢在於有「在地化品質保證」的特色，主要的劣勢在於品牌老化，雖然有固定客群，但無法打動年輕人，所以可以制定的行銷策略為：改變茶包裝，將原料送去農委會安檢登錄，並把證書刊登在網店中增加消費者的購買信心，包裝可以走小而巧的路線。

範例二

一間鞋子代工廠，有多位資深製鞋師父，經營超過十年以上，專注於承接國內外大品牌的訂單，如今想成立自己的鞋子品牌。

優勢：擁有製鞋技術以及龐大的資源。

劣勢：沒有專業的鞋款設計師、缺少自家品牌的名聲。

機會：現貨供應、推出MIT平價時尚鞋款，搶攻小資族市場。

威脅：對岸市場的競爭。

分析之後，得知優勢為技術與資源，但欠缺自家品牌鞋款的專門設計師，這永遠是代工廠最大的死穴，而且少了品牌光環加持。但危機就是轉機，可以利用這兩方面，直接整合一套行銷策略的規劃，從市場定位、目標市場、設定價位開始著手，只要制定出來後，再依靠強大的資源當後盾，就能成功打入市場。

2-9 行銷文案 5W2H1E

市場行銷基礎分析之二

企劃案種類很多，會依照產業、目標、擁有的條件狀況不同而定，行銷企劃案的成功與否，除了源源不絕的創意與蒐集資料之外，也有一定守則可遵循。那就是掌握5W、2H、1E的守則。

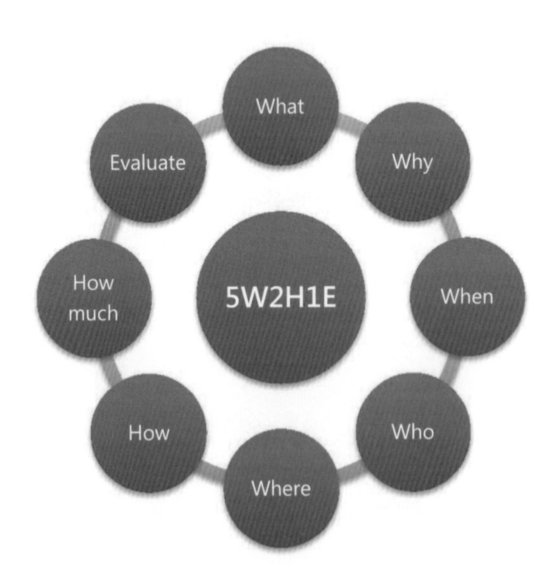

What／何事、何目的、何目標

撰寫企劃案最重要的主軸就是，要先定位出目的、目標，而且還要寫得夠明確，架構清楚後，才方便做蒐集資料與分析等項目。舉例來說，這個月要做什麼類型的活動？是限量品？新品促銷？還是節慶特賣？等。

Why／爲什麼

在任何行銷企劃中，都一定要經常問自己「爲什麼」，這個疑問句能清楚的檢視企劃方針有沒有問題，自己可以多模擬幾個問題，除了能接受別人批評和疑問，也可以測試自己的行銷企劃方針有沒有問題。

When／何時

執行企劃的時程表，需要清楚陳述企劃每個階段的時程，並且依照計畫的時間完成各階段任務，才能順利追蹤。

Who／何人

一份完美的行銷企劃案，是需要人力去執行的，否則只是空談，因此在企劃案中需要說明各個人力配置與相關需求。

Where／何地

確認地點，要在哪裡做？從哪裡取得？必須針對企劃內容一一說明各個地點。

How／如何做

要用什麼方法來實現這份企劃案，要用什麼做法來達成目標和目的，有哪些方案可以來解決？

How Much／花多少預算

需要花費多少成本、預算？企劃案除了文字之外，也要有數據，行銷活動基本上都是需要花費的，所以就一定要有預算考量，如果沒有數據分析來作爲判斷的依據，那很容易會誤判情勢，導致做出錯誤的決策。

Evaluate／效益評估

這是最後一步，結合前面5W2H的資料彙整、分析後，去計算出最後能爲網店帶來多少的效益，這效益分爲有形和無形，有形的當然就是業績、來客數、提升多少的轉化率；無形則是品牌人氣。

2-10 行銷文案 品牌行銷心法

品牌要找到對的行銷方式

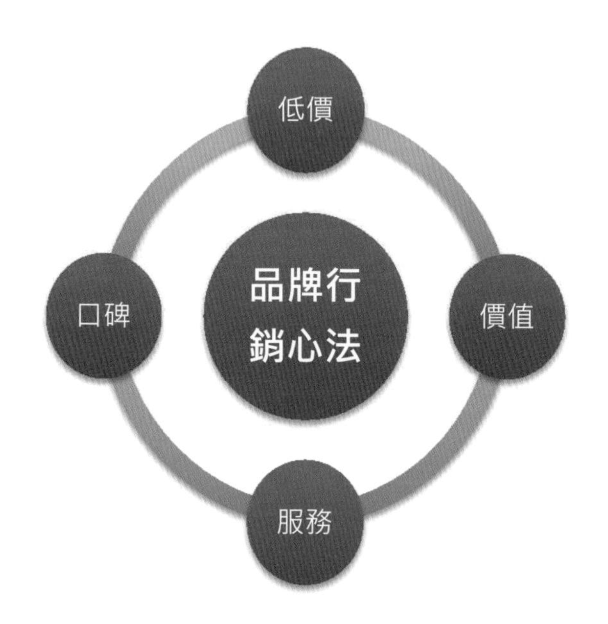

行銷品牌的傳統方式，都是使用同一種：從國外註冊品牌後帶進台灣，接著快速拓展實體店面、進駐百貨公司專櫃、找知名代言人、贊助行銷、利用大眾媒體做廣告行銷，經由這樣的推播方式讓自己打造自己的品牌價值，進而成爲知名的大品牌。

如今行銷開始走向分眾化、差異化。

並不是商品賣得貴、實體店面多、代言人名氣很大，才能稱得上是「品牌」或才是在行銷「品牌」。例如，東京著衣在2004年就因銷售平價流行女裝，成爲台灣網購的女裝領導品牌，它用的就是「口碑行銷」與「低價行銷」。接下來介紹四種行銷品牌的特別心法，可以依照行銷經費而定，選擇要做哪種方式的行銷，最起碼要選擇一種，這樣才能讓網店有比較長遠的路可以走。

價值

傳統的價值行銷就是包裝商品價值，藉由抬高商品的價格，塑造商品的價值；或是用物以稀爲貴的方式抬高商品價值，這樣也能間接抬高品牌價值。但如今塑造價值的方式改變了，不能只是靠產品提升價值，反而是要說明產品能創造多少價值。

例如來說，就像前面所述，賈伯斯如果只是拿著新版的Ipod說：「新款的iPod變得更輕薄、更容易攜帶。」這就只是告訴所有顧客這項商品的規格資訊。但今天賈伯斯卻是選擇從牛仔褲的小口袋拿出iPod，並且說：「這是新款的iPod。」用這樣的方式去塑造價值。

今天假設網店的商品內頁形容這雙鞋子是厚底鞋，前後加高五公分，這是商品資訊。但如果今天告訴消費者：「小隻女增高術，成為全場焦點。」這就是這雙厚底鞋的價值。

如果只是告訴顧客商品資訊，絕對很難被記住，所以必須用「價值」去創造商品的記憶點。

服務

到了現在資訊透明化、微利時代，很多網店已經開始以服務導向提供顧客購買商品後的附加價值，舉例來說，販售鞋子的網店，在顧客購買商品後，只要試穿尺寸不合，能在七天內免費提供換貨服務；販售大型電器的網店，提供免費五星級到府安裝的服務。只要能讓顧客感到貼心，就符合這項服務行銷的宗旨。

低價

從古自今，要讓自家的商品賣得比別人好的不二法則就是「低價」，哪怕只比別人低一塊錢，都能帶動銷量。M型社會雖然有錢人不少，但平民更多，尤其現在又是什麼都漲薪水不漲的時候，購買任何商品的優先考量就是價錢，因此低價雖然讓利潤減低，但能以量制價、薄利多銷，所以也是行銷的一種方式。但要注意的是，即使是低價，也要穩定產品品質、品牌定位、售後服務，否則品牌維持不久。

口碑

口碑行銷就是透過消費者之間互相交流網店的商品訊息，這樣的方式，比起花大錢做廣告尋找受眾目標還有效用，雖然感覺很簡單，但要能創造像病毒式的訊息在消費者之間傳播，絕非輕易就能達成的。最快的方式，可以是利用消費者信任的第三方（知名的部落客、網紅）來正確的傳遞商品訊息。另外就是不斷的參與社群，與消費者有即時性的互動，適時回應消費者留下的評論，並依照消費者的需求改進。也能利用品牌故事打動消費者的情感，讓消費者知道網店的品牌由來。

2-11 行銷文案 行銷計畫制定的步驟

加快文案撰寫、視覺設計的製作流程

在撰寫文案並且製作網頁Banner時，如果不事先設定好製作動機、目的、目標對象、視覺風格等內容，只憑藉著「這樣做就是好的」隨心所欲，結果往往都需要再花很多時間去修改，因此何不一開始就設定好所有元素，依照以下流程進行製作，減少後續的修稿時間。雖然一開始會很不習慣，但久了之後，反而會有事半功倍的效果。

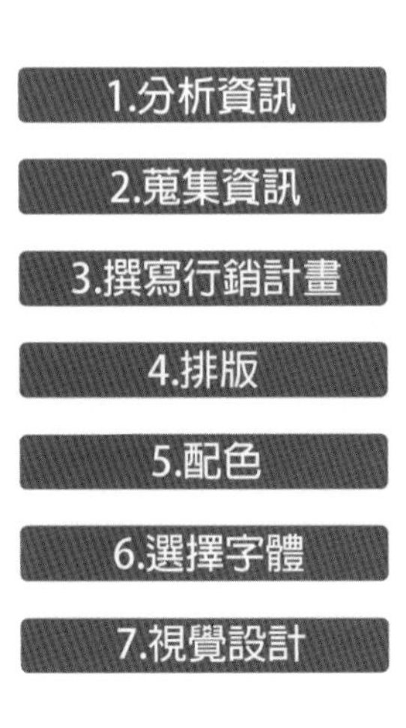

▲ 設計製作流程

我們就依照以上的方法，來做簡單的示範，假設是要做網店首頁行銷Banner，前置階段就要先準備好活動的相關資訊、商品照片。

分析資訊

開始製作之前，要先明白製作目的和動機，就可以使用5W2H1E來分析，藉此整理出需要的資訊。

何　時：2017年5月～2017年6月
何　人：MA女鞋專賣店
何　地：超級商城平台
做什麼：特定商品三件699元的特賣活動
怎麼做：讓客人下標商品
目　的：促銷過季品
結　論：減少庫存、帶動買氣

蒐集資訊

完成資訊分析後，就可以開始調庫存出來看，抓出哪些是要做特賣活動的商品貨號，做成一份表格。

詢問超級商城網路平台的行銷人員有哪幾個當月的曝光活動能夠參加，如果沒有網路平台的曝光活動幫忙，光靠自己做活動無法吸引到舊有顧客以外的人。

觀察同類型的網店正在忙著做什麼樣的特價活動、商品的款式、賣最好的是哪款商品。如果是對方已經在做活動的款式就盡量不要強碰到，除非能用低價行銷的策略，不然銷售效果是事倍功半。

撰寫行銷企畫書

主　　題：母親節特惠活動

活動時間：2017年5月1日～2017年5月31日

活動商品的貨號：A0001～A0030，共計30款

活動曝光管道：超級商城網路平台、LINE@、臉書粉絲團、電子報

視覺風格：溫馨、親切、熱鬧

文案資訊：寵愛媽咪甜蜜獻禮、專區任選3件699元、活動日期

排版

1.決定版面

資料準備完畢後，接下來就開始著手進行視覺設計的部分，如同前面章節所說，排版的步驟是先決定版心和邊界，企劃中所述之風格設定要溫馨、親切、熱鬧，因此我們要把版面營造出有

熱鬧氛圍的時尚感，JUMP率要高，就設定滿版不留白。

版心滿版

2.決定網格與比例配置

可以利用網格、橫式格線、黃金比例、白銀比例、三分法、井字構圖等方式，來做版型切割，因此我們就決定取用三分法的概念來做版面配置。

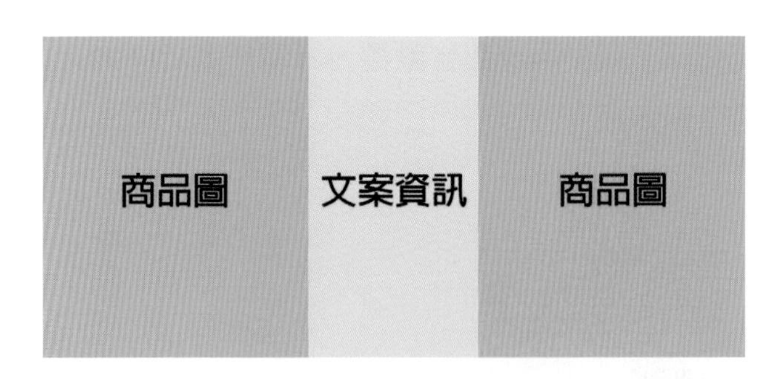

用商品圖左右開弓，中間的文案資訊就會變得特別顯眼，讓顧客的目光被中間文案所吸引。

配色

整個版面的配色決定了顧客閱讀後的感受和印象，在本案例中，視覺風格的關鍵詞是溫馨、熱鬧，因此從關鍵詞聯想出來的顏色就是粉色、白色。

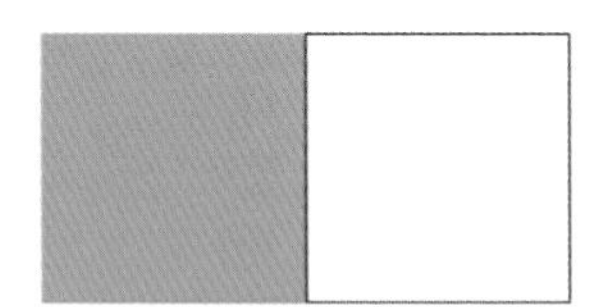

溫馨（粉色、白色）

再來設定顏色的強弱，既然是母親節，那必定是用粉色當主色，白色當配色。

我們先將照片素材放入既定的商品圖位子上，就完成以下的示範圖。

選擇字體

這時候可以將文案的內容放入Banner中，就放在中間粉紅色的區域。這時候要安排資訊的優先順序，除了刻意營造設計感，不然一般來說，資訊都是由左至右，由上而下。重要的資訊必須擺放在上面和中央的位置，不重要的擺在下面。在安排順序時，也要注意資訊相鄰的位置，不相關的資訊要稍微分開，人的大腦就會自動將相關的資訊群組化，所以要記得利用這項特質來編排資訊，方便增加顧客的閱讀性，快速理解資訊。

字體選擇「黑體」，可以呈現大方、熱鬧、親切的風格，對於女鞋來說，由於並非家電產品或是生活用品，還是要帶給顧客有流行感的視覺印象。

視覺設計

圖像比文字還要更容易理解和閱讀，除了用配色讓顧客產生聯想力之外，接著就是要依靠視覺設計，將「母親節」圖形化絕對有助於顧客一眼就能理解資訊，母親節讓人直覺想到的就是康乃馨，所以在主體的旁邊直接加上康乃馨的圖形點綴。

「Chick」的部分，爲了吸引顧客點擊，將文字內容設計成按鈕，加上游標，讓顧客會不自覺的被吸引並點擊網頁，把客人引導到下標頁面。

2-12 行銷文案 換一種寫法更吸引人

讓消費者不知不覺下單

就如同說話的藝術，明明是要表達一樣的意思，但表達方式不同，就會讓人有不同的感受，這樣的道理也相當適合用在文案中。只要目標精準，就能第一眼抓住顧客的目光，並且會讓顧客不加思考的衝動購物。

範例一：滿額免運費

主題是滿額免運，內容經過網店分析和討論之後，決定要做「不限商品，全館單筆消費滿499元即享免運費」。

用上頁這張範例圖來分析文字、配色、文案、排版，都沒有問題，但如果可以稍微改變文案內容就能更吸引人。

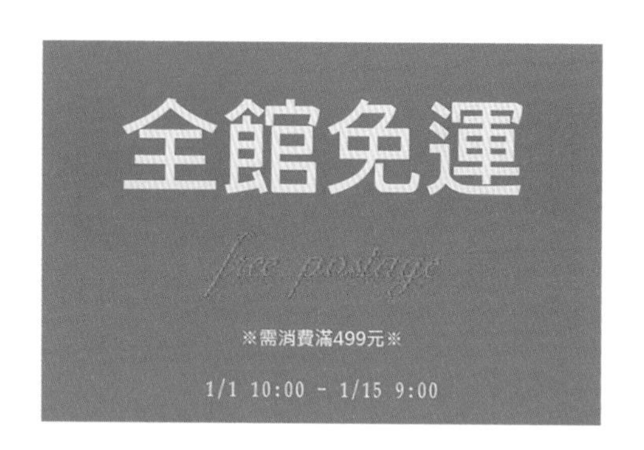

如上更改過後的範例圖，直接秀上「全館免運」四個大字，接著再把限制條件用較小的文字放在下面，這並不是刻意做資訊誤導和誘拐，但會不斷給人全館免運的心理暗示，至於達成條件單筆消費滿499元，這個小小的資訊在顧客眼中就不這麼重要了，不要把利益攤的太明顯，否則會影響顧客的購買意願。

範例二：商品滿件多少元

◀ 商品的浮水印都寫上優惠價格，能讓你的商品在數萬件商品中變得更醒目，主圖壓標吸睛，文案的內容為「現貨專區、專區任選兩件、$359元」。這視覺設計配色雖沒問題，還刻意將優惠價格放大，文案內容也表達的非常清楚，但如果換一種寫法更能吸引人

文案內容改寫成「現貨專區、專區任選兩件$359、$180／件」，也刻意將180的字體放大。文案改用這種寫法，就能第一眼抓住顧客的目光，並且同時會不斷的心理暗示說：「一件才180元，好便宜喔！」讓顧客沒有思考時間就趕緊點進下標頁面搶購，勾引顧客衝動購物的行為 ▶

2-13 行銷文案 商品標題寫作原則

讓顧客下標購物的決勝點

假設視覺設計是房子的大致外觀，那商品標題就是外觀的細節和特色，除了視覺上的影響，重要的是標題的好壞跟點擊率有很大的關係，接著來看看商品標題的介紹。

商品標題的組成

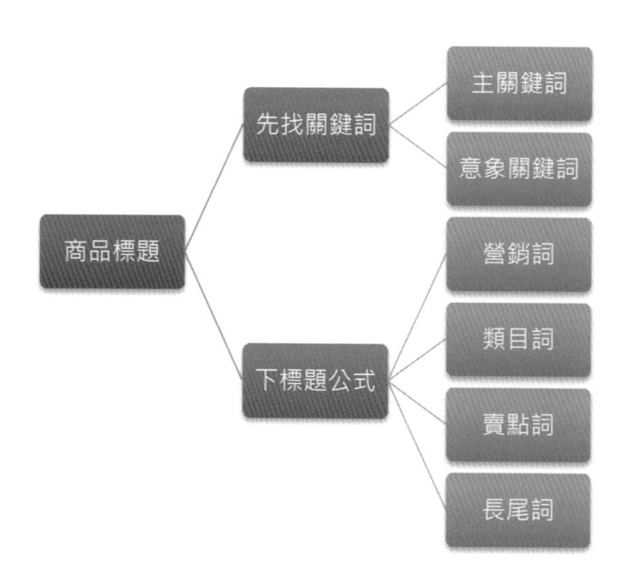

商品標題的組成爲：主關鍵詞+意象關鍵詞+營銷詞+類目詞+賣點詞+長尾詞。

主關鍵詞：這在商品標題中屬於靈魂關鍵的存在，是敘述產品的核心，該是什麼樣的屬性就敘述出什麼樣的屬性，例如：襯衫、洋裝、T恤、皮鞋、西裝、機械錶、牛仔褲等。

意象關鍵詞：所謂的「意象」就是商品聯想的部分，利用這個意象關鍵詞來讓商品產生加分的作用，例如今天是販售女性牛仔褲，那意象關鍵詞就可以寫：顯瘦、激瘦；要販售男性的牛仔褲，那意象關鍵詞可以寫：時尚、修身、有型、潮流、街頭等。

營銷詞：一個完整的商品標題裡面，可不能只拿來敘述商品。在標題裡加上店內活動的部分，讓顧客同時知道購買這件商品有什麼樣的優惠。就如同實體店面銷售時，店員不可能一直專注在商品的特色方面介紹，一定會有「如果買這件就可享有85折優惠」之類的銷售話術。例如：免運、特價、清倉、5折、熱銷、新品、秒殺。

類目詞：商品的屬性不同，但分類還是一樣的，舉例來說，男生的襯衫、T恤都可以歸類爲男裝，iPhone、HTC就是手機，眼線筆、粉底就是化妝品，增加類目詞可以讓商品的點擊率提高。

賣點詞：每樣商品都有屬於自己的特色，所謂的賣點詞就是要清楚將商品特色介紹出來，假設今天是賣女性指甲油、睫毛膏，那這兩樣商品的共同賣點就是防水，絕對會成爲顧客爭相採購的誘因。常見的賣點詞有：眞皮、防水、透氣、V領、透膚、流蘇、方塊壓印等。

長尾詞：只要能寫出好的長尾詞，絕對有助於提升銷售量，因爲它能清楚定位搜尋範圍、避免其他店家競爭、展現商品特性，像是剛才所述的關鍵詞都可以運用，例如：韓版雪紡紗連衣裙、時尚修身女裝、圓頭英倫皮鞋。

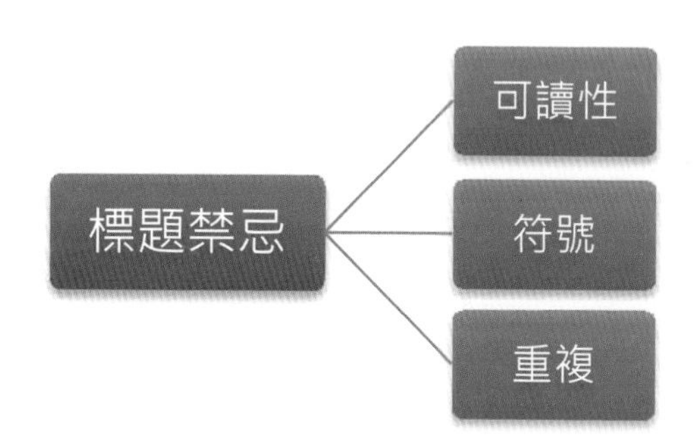

可讀性：不要貪圖過多關鍵詞而使標題複雜，導致顧客需要花好幾秒去了解商品標題的意思，只要超過三秒，顧客就會看下一項商品，千萬別爲了追求熱門熱搜詞而拼命的將其加到商品標題裡面。譬如下「百搭日系點點碎花洋裝愛迪達NIKE」這樣的標題。

符號：不要過多的空格、不要有斜線，另外，【】↓★%▲等特殊符號都會降低搜尋排名。

重複：商品標題的關鍵詞只要一組就好，並不是一直將相同的關鍵詞堆砌上去排名就會越高，每一個關鍵詞的背後都代表了一群人，圈定了關鍵詞就代表圈定了人群。

2-14 行銷文案 LINE@行動官網&臉書發文不詞窮

輕鬆與粉絲互動術

現代行銷和傳統行銷最大的不同就是，要比誰有梗、有創意、有噱頭，而不是只會花大錢砸電視廣告、請大牌明星代言。最重要的是，文案不要像是罐頭訊息，免得讓顧客覺得太刻意、不夠親近，以下整理出三種實用的方法。

呼應時事與生活：就如同前面章節所述，與顧客面對面聊天，可先用相關的生活瑣事增加與顧客的親切感，接著再傳達關於文案的重點。生活的部分可以從季節下手，譬如說五月的母親節快到了，那文案的開頭就可以是「好康報報！親愛的你不知道如何挑選母親節禮物嗎？趕緊點網址進來看多樣好康商品！」、「XX網店快報！今日全台有豪大雨，出門請記得攜帶雨具並且注意交通安全，即使不能出門逛街，也能點擊店內網址來瞎拼一番！」。

開門見山法：將最大的誘因放在訊息的最前面，例如辦了一檔強檔活動，就可以用折數、時間等誘因，來吸引顧客的眼球，文案的開頭可以像是「★5折專區最後倒數3小時，另外還有超美新品99UP 點我立即觀看」、「★全館399超取免運－限時三天★另外加碼下殺商品，早上十點開始！快來搶購！」

引發猜想：對顧客問問題，並且答案就藏在連結之中，這個方法相當大眾，因爲很容易找到與顧客的共通點和共鳴，和女顧客可以用星座、最新穿搭搭起橋梁，男顧客能用如何吸引女生來做話題，雖然這樣的推播是最有成效的，受眾戶比較廣泛，但也不能只是丟了問題，解答完就沒了，把顧客丟在商品的選購頁面，所有的一切要有連結性，就如同前面章節說過的。

舉例來說：「家裡超亂的星座TOP5」、「女孩春季最新穿搭法不NG！」、「如何讓女生主動來搭訕你」、「避免和女生一問一答的方式」。

顧客會想知道「家裡超亂的星座TOP5」是哪些，點擊連結，到了活動頁面，網店先清楚列出哪五位是家裡超亂的星座，接著就看到各式各樣的收納櫃、生活小物的商品正在特價。

女性顧客會想知道「女孩春季最新穿搭法不NG」是什麼，而點擊連結，到了活動頁面都是當季流行的穿搭，讓顧客可以直接購買，或是整套下標。

男性顧客會想知道「如何讓女生主動來搭訕你」，而點擊連結，到了活動頁面是各種西裝、襯衫、皮鞋、皮帶、墨鏡等時尚單品。讓男性顧客覺得只要買了網店的服裝，就可以吸引到異性搭訕。

男性顧客想知道「避免和女生一問一答的方式」，而點擊連結，到了活動頁面是各式各樣的單眼相機、鏡頭、手機廣角鏡等。利用拍照製造與女性的話題，藉此互動，提升熱度，也讓場面不尷尬，不用擔心因為開錯話題讓自己被扣分。

行銷文案

2-15 撰寫反差文案：全聯福利中心

拿全聯福利中心來做「反差文案」的範例是再適合不過了，家家都知道全聯福利中心，也看過電視廣告，連年輕人都愛他們的廣告行銷手法。爲什麼能這麼成功呢？因爲他們用詼諧幽默的手法來反諷自己，直到廣告最後又能把重點表達出來。舉例來說，全聯說出自己的各項缺點：不能刷卡、沒有大型停車場、沒有寬敞的空間、沒有豪華的裝潢、開在巷弄間而不是大馬路邊等。

因為全聯把所有節省下來的成本都回饋給消費者。

最後一句廣告語就成功打中消費者的內心。許多不想去好市多的小資族、想搶便宜的婆婆媽媽們、覺得便利商店太貴的上班族，都紛紛轉往全聯消費。

只要自嘲手法用得恰當，反而能塑造親民的幽默效果。

這樣的套路拿來網店的話也能使用，例如到了過年期間、連假期間，如果網店沒計畫休息而有營業出貨的話，會在網店首頁打上行事曆的公告，但這樣了無新意又只有告知顧客的效果。可以做一張首頁Banner，並且拉出店內打折商品，並在Banner標語打上「雖然我們一直在打折，但服務不打折，連假快速出貨！」這樣中肯又貼心的建議就能打動顧客。

撰寫讓人尖叫的文案：空拍機

「空拍機」算是最近大家開始比較注目的產品。

DJ Phantom 4 空拍機

- 原廠代理、品質保證
- 4K高畫質影片／1200萬畫素
- 連續飛行續航時間約25分鐘（需在電池充飽的情況下，依飛行的現場天氣狀況而有所不同）
- 操控穩定，最遠距離可達5公里
- 飛行器重量1380g
- 最大上升速度6m/s
- 最大下降速度4m/s
- 最大飛行速度20m/s

- 一體化雲台，結合訂製減震裝置
- 人性化的環境感知避開障礙與指點飛行
- 能立即與智慧型手機同步，即時分享影片

以常理來說，這樣的3C產品通常都是不斷的強調規格最新最強，並且加上空拍機實拍的影片來說服顧客買單，如果顧客是3C迷或本身就是愛攝影的玩家，一定會認真的把規格介紹和空拍機實拍影片看過一次，然後就下標購買。

但這是存在於本身「有需求」的顧客，就如同前面章節所說，行銷本身就是在刺激需求，所以我們：

要幫顧客創造一個消費的理由。

減輕消費者的顧慮，這樣才能把市場擴大，像空拍機這類的產品會有什麼顧慮？通常會產生「操作會不會很複雜」、「不好上手的樣子」等念頭，所以必須把產品介紹得非常有趣生動。

會飛的照相機

DJ Phantom 4是飛隼推出的最新航拍飛行器，飛隼占據台灣小型無人機市場超過一半的比例，品質保證。

DJ Phantom 4能將你的視野前所未有的擴展到高空，用1200萬畫素／4k高畫質影片拍攝震撼的鳥瞰照片與影片。

DJ Phantom 4搭載防震裝置，人性化的環境感知避開障礙與指點飛行，搭配手機APP，操作變得超簡易，讓你輕鬆拍攝出大師級的影片。

影片的部分不要只是著重在飛得很高拍大景，要運用前面章節所說的，使用行銷4S的手法拍攝吸引顧客眼球。或者是請一位漂亮的模特兒，拍攝她親自操作並介紹產品的宣傳影片，利用暗渡陳倉的方式，讓吸睛的模特兒帶入產品，透過另外一種形式包裝，無意識的讓產品的優點植入顧客心中。

2-16 行銷文案

撰寫瞞天過海文案：限量一元商品大贈送

所謂的瞞天過海不是要你掛羊頭賣狗肉，是要掩蓋利益的部分，讓顧客察覺不到在交易過程中原來賣家是有利益的，還以爲是自己賺到，這時候他們的下標速度比誰都快。舉最簡單的成功案例，無疑就是電信業者，每當新的智慧型手機發布後，電信業者就非常貼心的爲顧客推出各種優惠費率方案，乍看之下，顧客是用較低價的方式擁有智慧型手機，但實際上，是抓住貪小便宜的心態，需要你簽一份費率綁定30個月的合約，其實精算下來，那費率才是電信業者要賺的部分。

瞞天過海也可以在網店上使用，作者分享一個案例，之前有一陣子開始流行起涼感的排汗運動衣，樣式極簡，講究的是機能性。有一位服裝公司的老闆洞察先機很早就開始販售這項商品，但隨著時間演進，網路上有越來越多店家開始販售涼感衣，而且價格越壓越低，競爭越來越多，利潤也被壓縮的越來越低，當銷量開始銳減時，就要趕緊想出對策。

其實涼感衣從對岸批發過來的成本很低，這時候就想到能用瞞天過海的對策，直接推出一檔活動叫「限量一元商品大贈送」，並且在網路平台設定三天後才能開始搶購，利用這三天的時間做宣傳，顧客也會一傳十十傳百。活動條件限制每個帳號只能搶購一件，並且只要選擇顏色、SIZE下標後，就不能更改訂單與退換貨，也因爲怕有人惡搞用超商取貨結果不取貨，所以只能宅配到府。

到了活動當天，眞的如預期被搶購一空，每筆訂單都是120元的運費加上1元的商品，共121元結單。

這時候讀者已經能看出端倪了吧。只要網店有和貨運固定配合，都會簽約把運費壓低，並會依照每個月的貨量高低而有所不同。拿衣服成本是60元台幣來說，貨運送一件爲45元台幣，加起來爲105元。再加上包材和零碎的雜費，雖然這利潤極低，但一下子就把商品銷完，薄利多銷，也能靠這樣的活動帶動買氣，讓網店打出知名度。

行銷文案

2-17 撰寫苦肉計文案：標錯價格、跳樓大拍賣

讀者應該看過不少大品牌的業者，會不小心在官網上標錯價格，然後又立即修正價格後發道歉啓示，並且如期出貨。這種事件常常鬧上新聞，比起花大筆的廣告費去做商品宣傳，不如用「不小心標錯價格」當作宣傳還比較有效。

這種手法對於高單價的商品會比較有效，反差感會特別大，對於一般網店來說，也能做「跳樓大拍賣」的行銷活動，吸引到顧客們的關注，藉此行銷自己。

但苦肉計最忌諱的就是濫用同情心和不具眞實性，造成反效果，就像之前台灣的便利商店曾經有店員訂貨時不小心多打一個零，急得上網發文求救，結果當天湧入許多客人，用新台幣把商品下架。才隔沒幾天，又發生其他店家也訂錯的事情，網友都覺得善心被過度消費，因此沒人願意再相信這樣的苦肉計。

行銷文案

2-18 撰寫草船借箭文案：借用大品牌光環壯大自己的商品

草船借箭是三國演義中最精彩的段落之一，諸葛亮展現過人的智慧，不費一兵一卒就賺到幾萬支免費的箭，這樣的手法，也能用於網路行銷。

在網路上有一位很有名的人，叫果汁機大叔，他的行銷方式非常厲害。假設今天要賣一台果汁機，你會怎麼賣？可能就像電視的購物台那樣，先把果汁機的外觀和規格全部介紹一遍，並且端出所有的水果，一樣一樣打成汁，用「現在訂購只要XXXX元」、「現在購買就送XXXX」之類的行銷話術。但這樣其實並沒有所謂的亮點和噱頭。

因爲你一直把焦點放在自己的商品上，消費者沒有辦法感受到共鳴。

剛才所說的果汁機大叔，他就用很特別的方式來行銷自己的果汁機，他拍了一部影片上傳到Youtube，立即引起大家的關注。影片當中，他準備了兩台自己的果汁機，然後穿著一身像是實驗室人員的白色服裝，接著從口袋掏出兩隻大品牌的手機，影片主題的重點是，哪一款手機比較堅硬，能撐最久才會被攪碎？接著他就把手機丟到果汁機裡面攪碎。這部影片的動機和目的有兩個，第一個就是引發關注，你想想，他爲何要拿大品牌的智慧型手機做實驗呢？

因爲在這個年代沒有哪個年齡層不知道智慧型手機的存在，再來，直接把幾萬元台幣的手機拿去用果汁機攪成粉末，這就成功變成噱頭，引發所有人的關注，當大家看完之後，又能成功傳達本影片的重點，連手機這麼硬的事物都能攪成粉末了，更何況是水果呢？很多人就會開始詢問要用什麼管道才能買到那台果汁機（影片來源：https://www.youtube.com/watch?v=lBUJcD6Ws6s）。

比起花幾十萬元廣告費曝光，不如利用別人大品牌的光輝來壯大自己，這樣的方式更有效益。

假設今天你是賣五金雜貨的網店，不妨用店內的剪刀來剪斷知名品牌的智慧型手機，表示剪刀的鋒利。

假設今天你是美妝網店，可以請一位模特兒擦上自家防水睫毛膏，然後去花蓮溯溪，從七層樓高的崖壁跳下來，顯示睫毛膏的防水效果極好。

3 視覺設計＋行銷文案的實地演練

設計與文案的實戰演練

本章節將組合前面幾個章節所解說過的法則，示範各種視覺設計的風格與文案，舉出正確案例與錯誤案例。本章共分成三大部分：排版、配色、視覺設計，一邊解說，一邊比較，增加學習效率與速度。

3-1 排版 心機女孩

哪一張「心機女孩」較能清楚呈現主題與活動文案？

1

2

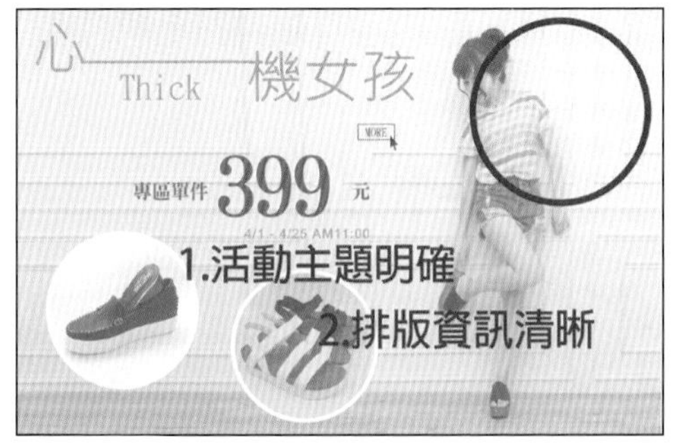

意象關鍵詞

一雙加厚的增高鞋特色在於增高，如果文案只是很單純的把「增高」、「加高」等關鍵詞打出來就太直白沒有效果了。所以用「心機女孩」當作主文案，讓消費者能將自己代入情境中，覺得只要買了這系列的商品，就能像圖中的模特兒那樣展現心機，秀出修長的比例和線條。

襯托重點

整張Banner的各項元素完全沒有問題，每一樣元素都是相當好看的，但如果只是全部放在一起，反而無法呈現重點，活動的主題一定要最顯眼，接著再將類似的元素群組化，才不會讓版面看起來過於凌亂沒重點。

3-2 排版
冬季必備美包

哪張「冬季必備美包」閱讀性較佳？

2

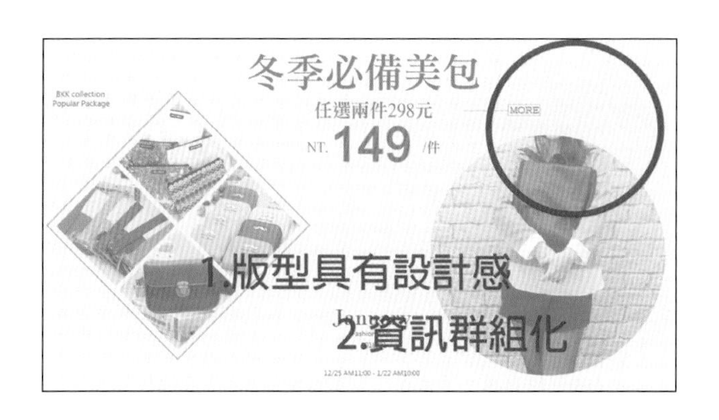

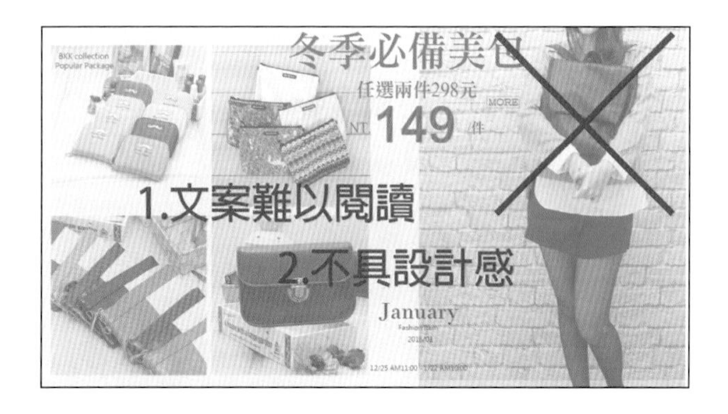

用編排增強版面層次

要讓消費者不用花時間和心思細讀，直覺式的掌握到Banner資訊，就必須將資訊分出強弱，版面分成文字、圖片兩種，控制圖片與文字的比例就顯得特別重要。並不是全部塞滿版面、文字放大，消費者就能看得清楚資訊。

3-3 排版 好事成雙

哪張「好事成雙」較有穩重、清晰感？

2

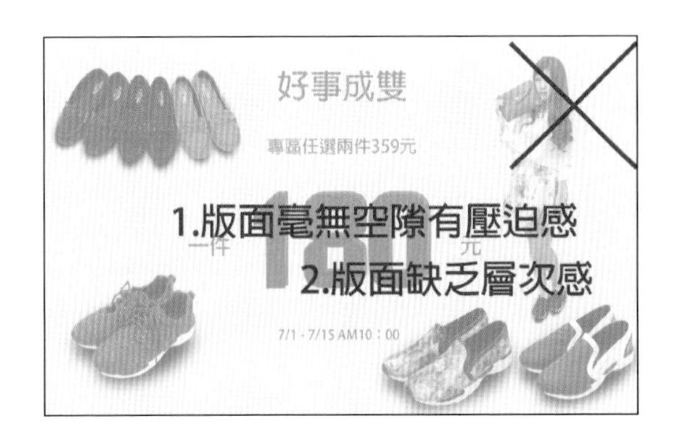

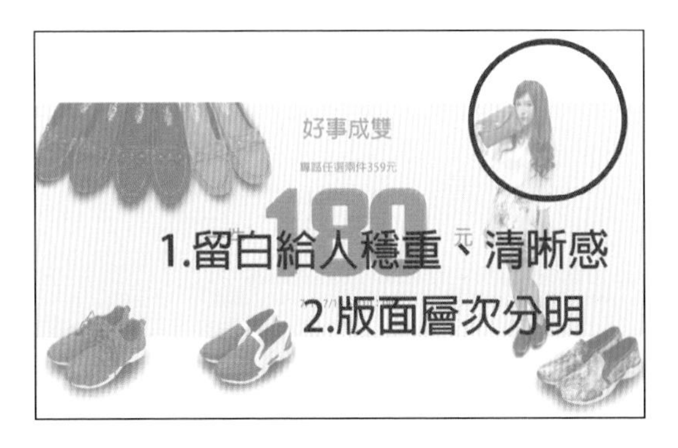

留白的運用

將留白的部分運用恰當，就能營造版面的高級感與沉穩印象，間接做出版面的層次感。用留白的部分包覆主題，讓文案更有存在感，也能自然地引導消費者的視線，直接停留在中間。

文案重點

今天要做兩件商品優惠價多少元，用成語加上雙關語作爲活動的主題絕對是效果加倍，能讓消費者眼睛一亮，標題千萬別下得直白、死板，就像好看的的商品需要好看的包裝紙、好的書本要漂亮的封面，而行銷活動的包裝，就是獨特的標題。

3-4 排版 夏日休閒

哪張「夏日休閒」較能呈現商品特色？

2

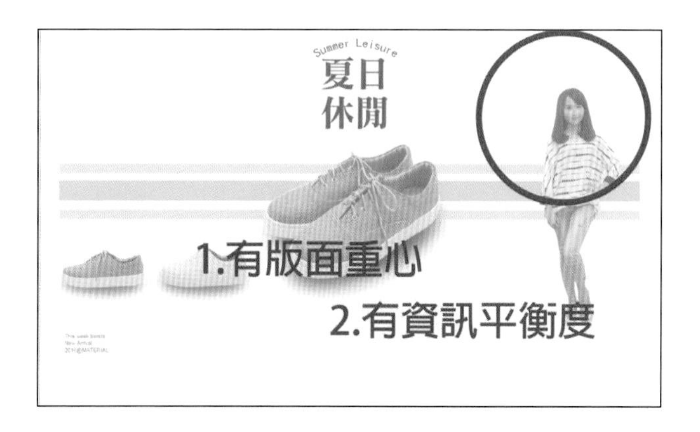

用版面重心強調主題

前面章節說過，JUMP率大小的視覺效果，會影響消費者的觀感，雖然把所有元素縮小，增加留白處，能營造出高級、穩定感，但不適合要展現商品的時候，因爲版面太過於平淡，反而會讓消費者對商品沒有記憶點，可能只覺得看了一張很好看的圖片而已。畢竟設計的動機與目的是在於展現商品，而不是參加設計比賽。

3-5 排版 甜蜜情人節

哪一張「甜蜜情人節」較能印象深刻？

2

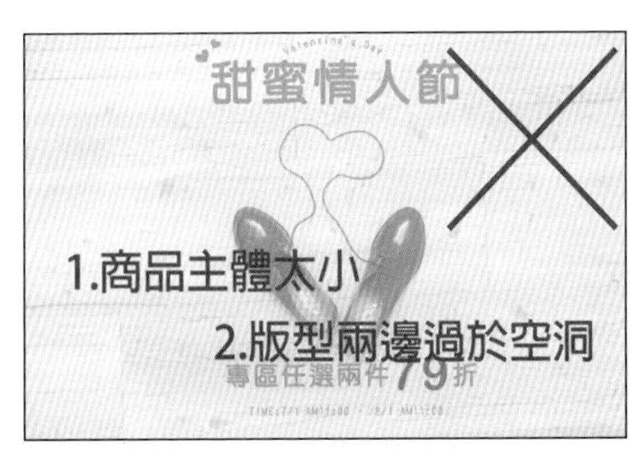

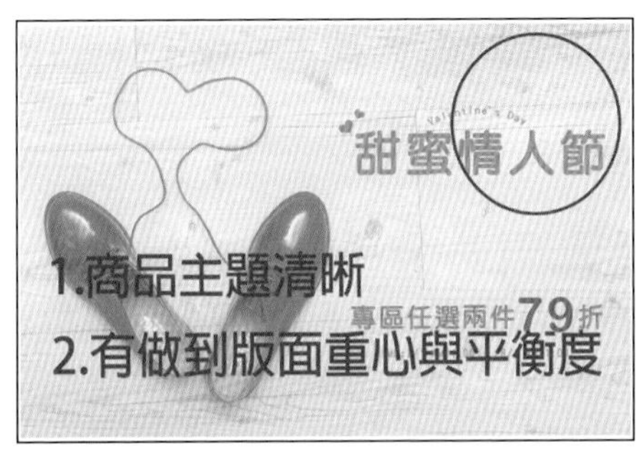

文案重點

情人節屬於十二個月份當中必做的大活動之一，商品能用鞋帶來表現心型，加深消費者的印象，也能直接在圖片中加入愛心的剪影，總之就是一定要把情人節意象化成愛心，讓消費者能迅速產生聯想。

重心的選擇

前面幾頁有談到重心的課題，把版面的重心集中在一處，固然是吸引消費者目光的一件好事，但運用失敗就會像上面的失敗圖，文字、商品圖片都集中在中間，導致兩側過於空洞，就不是一張好看的設計圖，而且用鞋帶排出愛心的創意沒被放大，這是相當可惜的。

3-6 排版 曼谷硬殼包

哪張「曼谷硬殼包」排版較有穩定感？

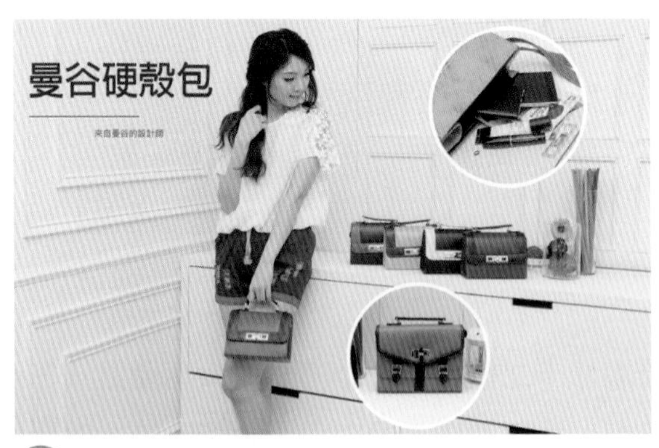

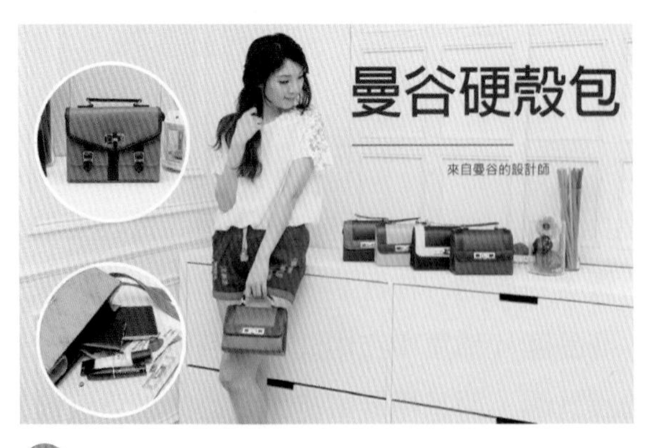

2

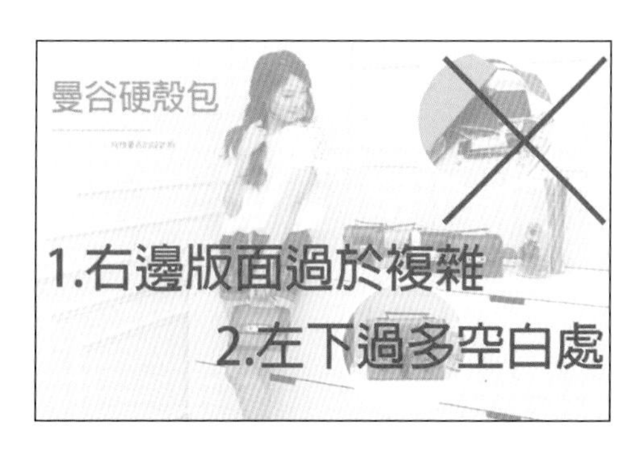

井字構圖的運用

善用井字構圖就能營造平衡絕佳的版面，如前面章節所述，在線與線的交界處放置重點要素，就能有效引導消費者的視線，另外也有美觀的緊湊感，只要圖片、文字、設計元素配置的條件要素具備相同比例，就能輕鬆做出版面的平衡感。

3-7 排版 通勤必備鞋款

哪張圖片能呈現「通勤必備鞋款」的亮點？

設計重點

當商品能在外表做變化時，請務必要用設計手法表現出來，如示範圖的平底鞋一樣，要表現柔軟的樣子，就要一一的變化折彎的模樣；包包的特色是防水，就要在包包表面潑灑水滴，表現出防水效果等。

井字構圖與留白處的選擇

如前面章節所述，井字構圖能讓消費者聚焦在交界線上，但此示範圖要呈現的亮點在於鞋子的柔軟度，雖然示範圖有符合井字構圖，但最大的亮點反而不明顯，這就達不到設計的動機與目的了。商品亮點不一定需要用龐大的素材、設計效果去強調，反而配置留白處，用簡約的方式呈現效果更好。

3-8 排版 最新定番

哪張「最新定番」的主題商品較能一目瞭然？

1

2

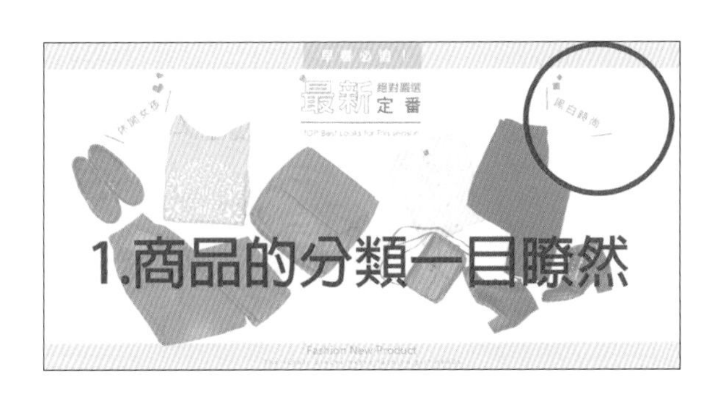

將商品群組化

用相似性的方式，分類好同樣風格的商品，讓消費者一目瞭然，並不是一定要加入線條、方框才能做到分類，這會影響版面的美觀，多餘的設計會影響觀感。

3-9 排版 飾品群組化

下列哪張飾品的商品圖，設計觀感較爲恰當？

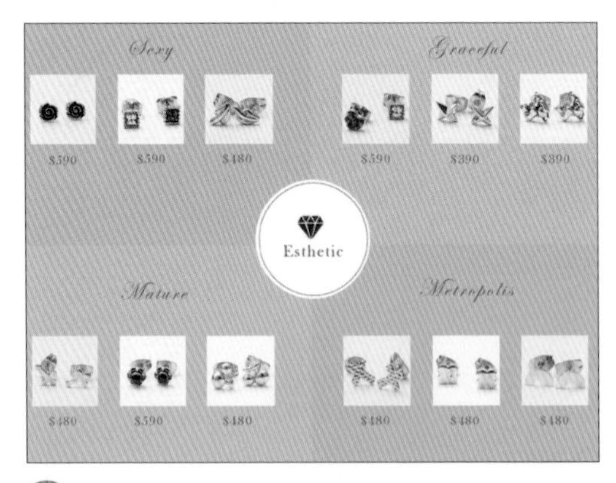

1

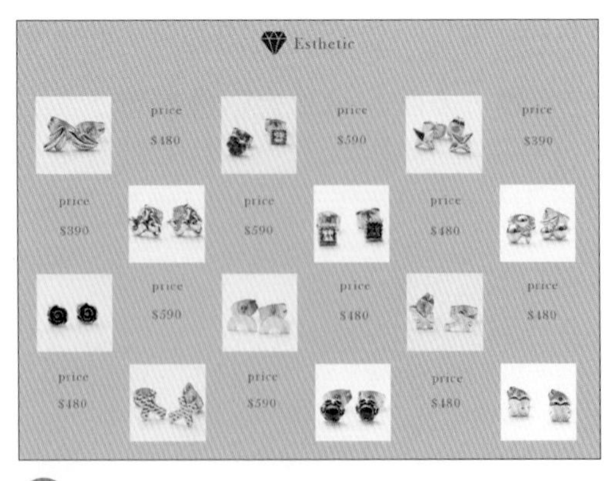

2

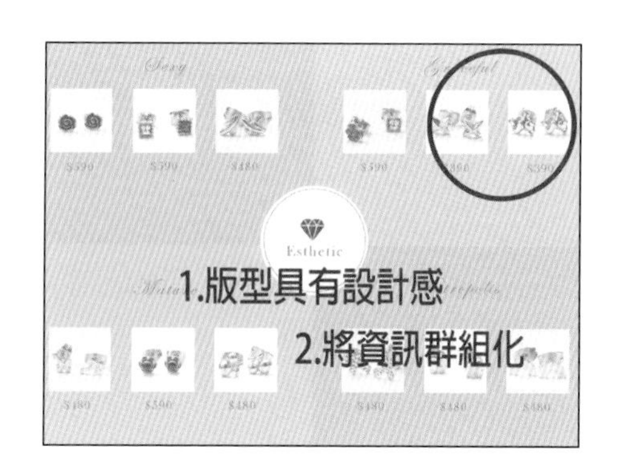

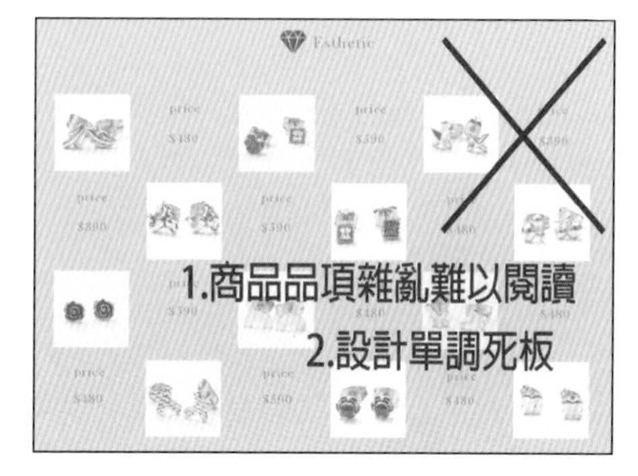

群組化的重點是做出分類和留白

群組化是版面設計中整理資訊最常用的技巧，將同屬性、同價位的商品用分類的方法加以整理，只要有統一感，版面就會變得乾淨俐落，也能藉此騰出空間，製造版面的留白，提高版面的高級感。

分類的方式有很多種，例如：顏色、價位、共同屬性、形狀等。

3-10 排版
職人穿搭術

下列「職人穿搭術」，哪一張爲合適的設計？

1

2

利用留白處製造引導線

引導線不是一定要用線條才能引導消費者視線，用留白的方式也能引導顧客視線，進而做出版面層次的強弱感，也能突顯中間的主題。

3-11 配色 人氣追加款

下列哪張「人氣追加款」的配色有展現活動優惠？

1

2

色彩的暗示

紅色幾乎是減價、優惠、打折、限量等，專門在使用的顏色，就算不是優惠商品，只要消費者第一眼看到，就像是被制約，會第一直覺反應，這個活動有優惠。

3-12 配色 女力質感穿搭學

下列哪張「女力質感穿搭學」的配色較有親和力？

顏色的彩度決定親和力

明明都是一樣的設計，但顏色的彩度決定了不同的視覺觀感，現在的設計配色也流行淡色系列，除非要迎合主題需要、吸引注目度，才會把顏色的彩度下得比較重，像是警告標語就會做得非常醒目。

3-13 配色 女孩專屬睡衣系列

「女孩專屬睡衣系列」，何者比較符合商品主題的配色？

2

營造甜美氣質的配色

女孩的氣質通常都屬於甜美、可愛、俏皮、粉紅等。所以在配色的訴求上就是以柔和爲基調，譬如粉紅色、水藍色、淡黃色都是非常受女孩歡迎的顏色，素材的圖片也表現出非常具有舒適感，所以深紅色的確不太符合圖片形象。

3-14 配色 電源供應器

下列哪張「電源供應器」較符合商品形象的配色？

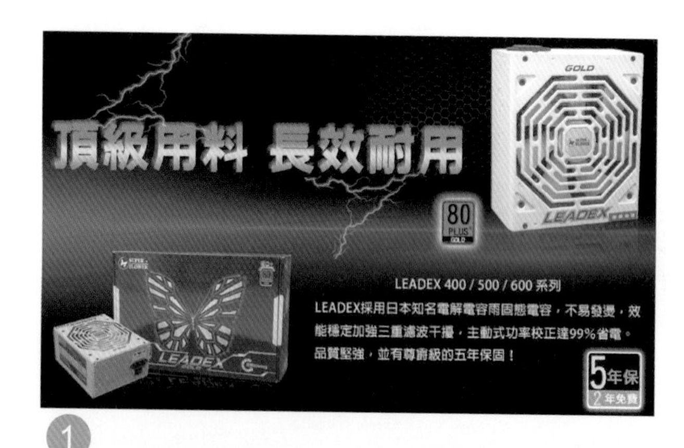

1

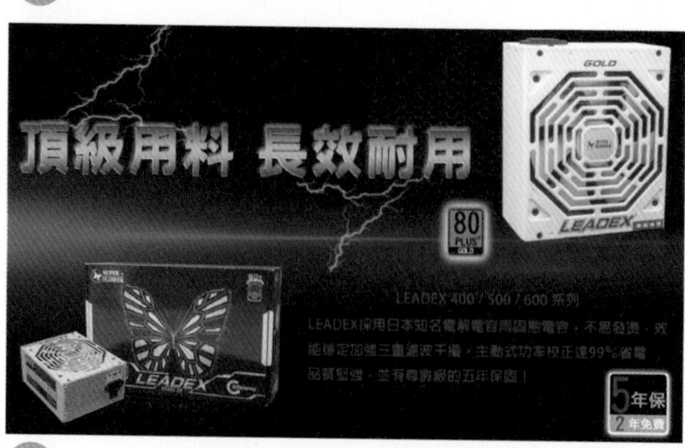

2

配色以商品顏色為主

把握前面章節顏色形象的原則來說，要表現科技感、專業的商品形象，選擇冷色系列是沒錯，但商品的基本色是70%黃色、輔助色25%的黑色，另外其他5%則是強調色。這時該選擇的是用商品包裝的配色去設計版面，這樣絕對有加乘效果，無違和感，另外背景是黑色，所以再用冷色文字就會容易被吃色，注目度變得非常低。

3-15 配色 燒肉團購券

下列哪張「燒肉團購券」比較吸引人注目？

1

2

要讓消費者食指大動就要用對色彩

讓食物看起來美味的顏色有紅色、橘色、綠色等暖色系，給人熱情、有精神、有活力的感覺，可以勾起食慾，暖色系在熟食方面都通用。相反地，冷色系就給人冰冷、寂靜、寒冷、穩定的效果，所以在冰冷的食物上都很好用，例如冰品、飲品。

3-16 配色 男士必備配件

哪張「男士必備配件」色調配置較為協調？

2

基本色、輔助色、重點色

一張美觀的Banner通常都只會以基本色、輔助色、重點色這三種去做配置，如果用色過多，就會顯得眼花撩亂，沒辦法讓消費者聚焦。主色決定整體形象及給予消費者的印象，輔助色都是做爲點綴效果，在版面中負責小亮點的角色，至於重點色就是最重要的資訊內容，在版面中占據非常小的面積，通常都會運用在優惠、折扣上。

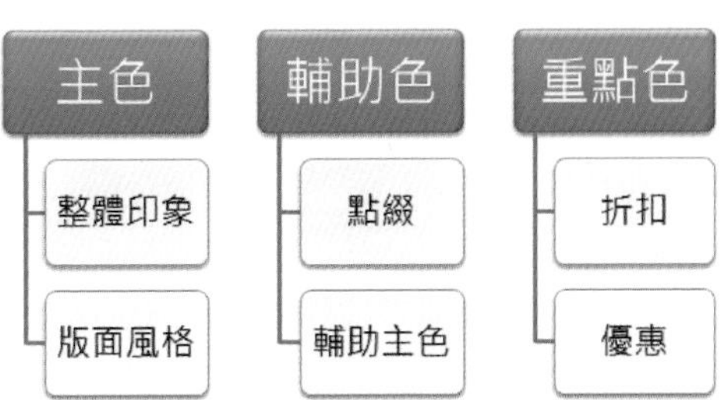

3-17 配色 畢業禮物

哪張「畢業禮物」的文案比較容易閱讀？

①

②

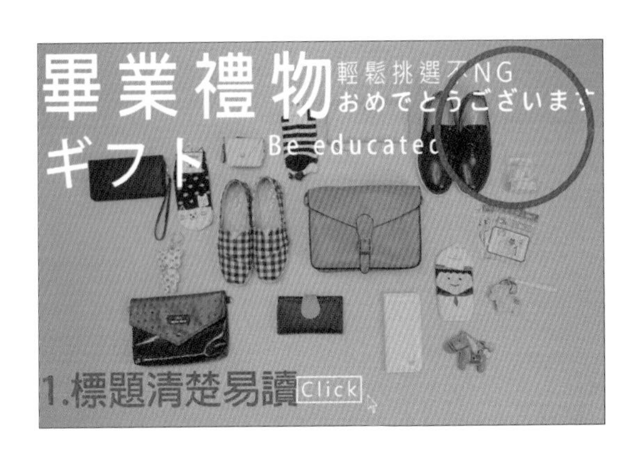

對比度決定了閱讀性

不管設計圖再怎麼讓人驚豔，清楚的傳達資訊才是重點，所以背景色與文字的對比非常重要，當然並不是每次都能用黑色與白色去搭配，如此也會太過單調。其實只要把握淺色搭配深色的原則即可，可以像示範圖這樣，將照片的明度調整暗一些，如果文字還是太融入背景，也可以加些陰影增加易讀性。

3-18 配色 無色彩

哪張背景圖片的彩度較能呈現商品特色？

1

2

用無色彩來讓商品做主角

將背景圖片設定成無色彩，讓消費者的目光能凝聚在文案與商品上面，完美襯托色彩的效果，強化文案與商品印象。無色彩非常適合用來表現震撼感、動感，許多大景的照片都很適合這樣的表現手法。

3-19

配色

新年特輯

哪張「新年特輯」比較符合過年氣氛？

1

2

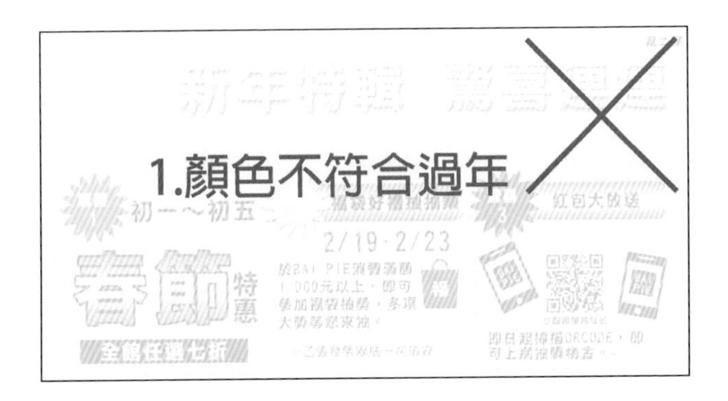

節慶的顏色

以傳統來說，過年當然是以紅色爲主才夠喜氣。一年當中每個節日都有代表的顏色，過年是紅色、情人節是粉紅色、墾丁春吶則是冷色系都適用、母親節適用暖色系、端午節是綠色和紅色、父親節適用大地色系、中秋節是黃色和綠色、耶誕節是紅色與綠色。在設計的時候都可以納入版面當中，做基本色、輔助色、重點色的參考。

3-20 配色 韓國同步流行款

哪張「韓國同步流行款」的顏色配置較有質感？

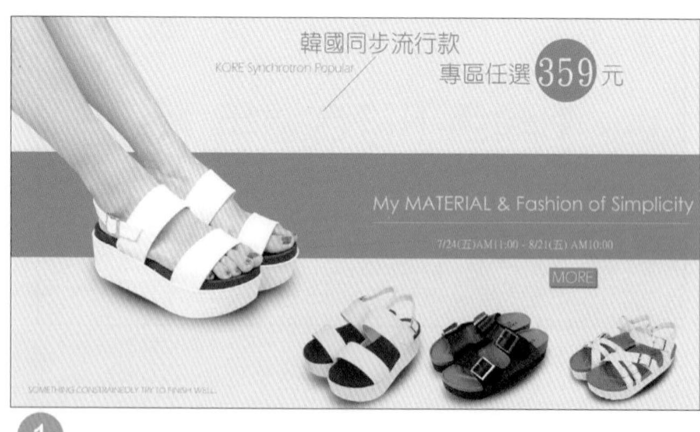

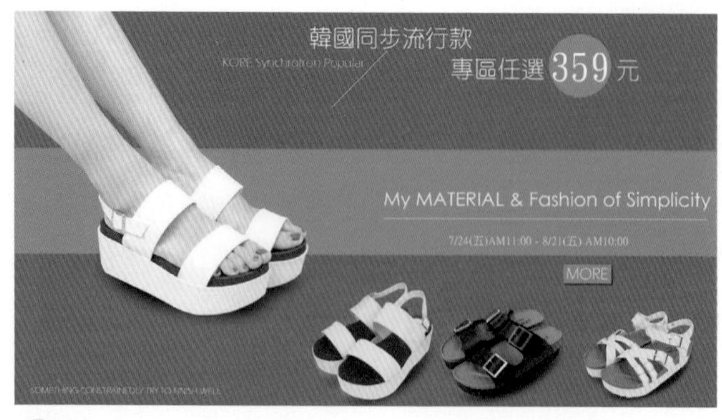

2

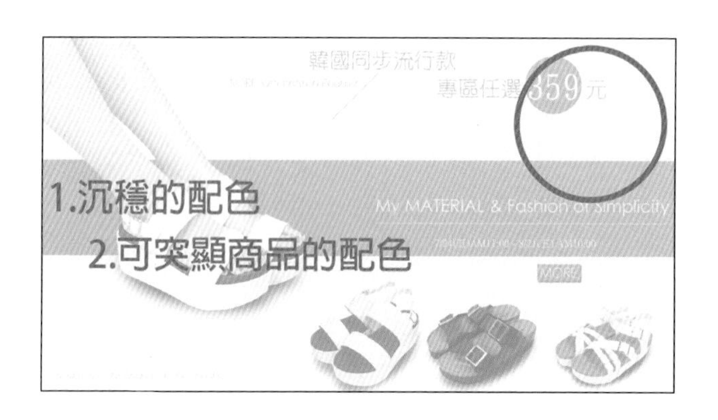

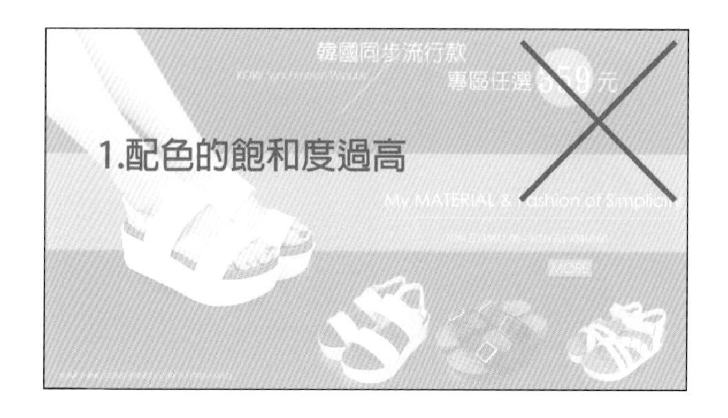

呈現質感與高級感的配色

除了低JUMP率能塑造高級感之外，另外最重要的就是配色，質感的配色就屬白色、黑色、大地色系最爲恰當，絕對不會是用非常豔麗的大桃紅色，若顏色搶掉商品的光環，是無法讓消費者聚焦的。

3-21 配色
商品的價值

哪張圖片比較能襯托出香水的高級感？

商品的價値

視覺設計的價値就在於，讓成本爲300元的商品，看起來像有900元的質感，這在網路銷售中是非常重要的，畢竟消費者摸不到，只能仰賴視覺。要營造高級感最基本的配色就是黑與白。色調粉色系也不是不好看，但此色調與圖中的模特兒不協調，畢竟模特兒的穿著是成熟風格，粉色系太過衝突了。如果今天商品本身定位就是可愛、俏皮，年齡層設定於24歲以下，那色調就可以設定爲粉色系，讓模特兒換上日系碎花洋裝來做呈現。

3-22 視覺 年終大清倉

哪張「年終大清倉」圖片具有設計感？

2

減法設計 Part 1

所謂的減法設計，就是刪去不必要的枝枝節節、花花綠綠的元素，用最簡單的方式去表現主題和風格，單純的以放大字型、扁平式符號、背景顏色來提高注視度，是目前當道的現代設計。

如示範圖，讓模特兒以大喊的概念去表達特賣，才不會顯得俗氣，也才不會讓消費者覺得店內要推出的特賣商品都是廉價品。

3-23 視覺 托特包

哪張「托特包」圖片較較能賦予商品聯想力？

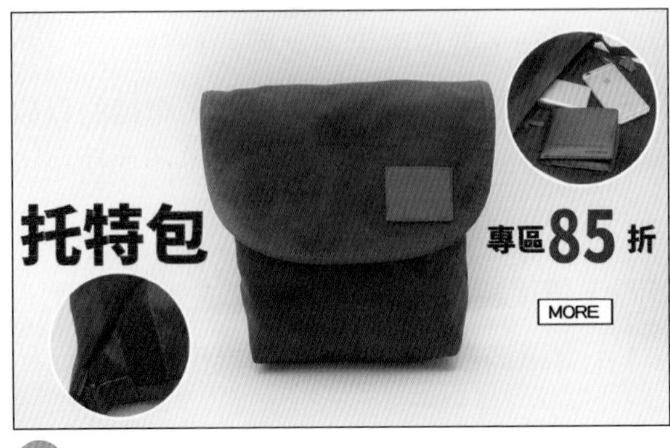

2

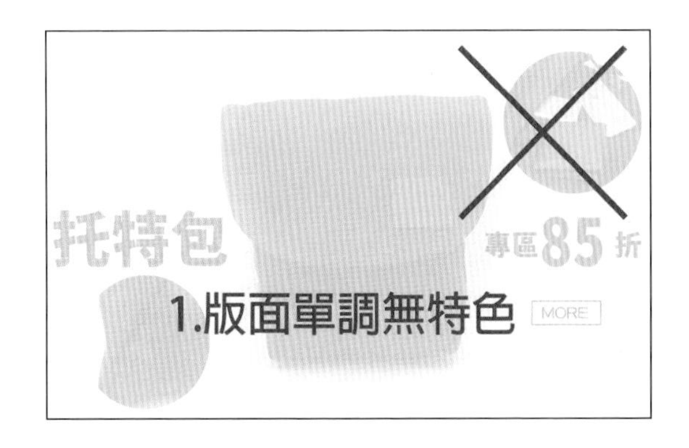

爲商品設定風格

不管任何商品，我們都要爲它塑造一種風格和定位，讓消費者對商品產生聯想力。就好比示範圖那樣，商品只是一款普通的斜背包，但製造商會將這類款式的斜背包命名爲托特包。而這時就要塑造它的商品印象，它適合什麼樣的人背、適合什麼樣的穿著風格搭配？另外再設定一種特定元素，讓消費者有聯想力，譬如第一張示範圖，將模特兒用繪製的手寫線條仿眞風格表現，讓消費者產生各種聯想，藉此定位商品印象。

3-24 視覺 現貨折扣城

哪張「現貨折扣城」的設計符合現代趨勢？

2

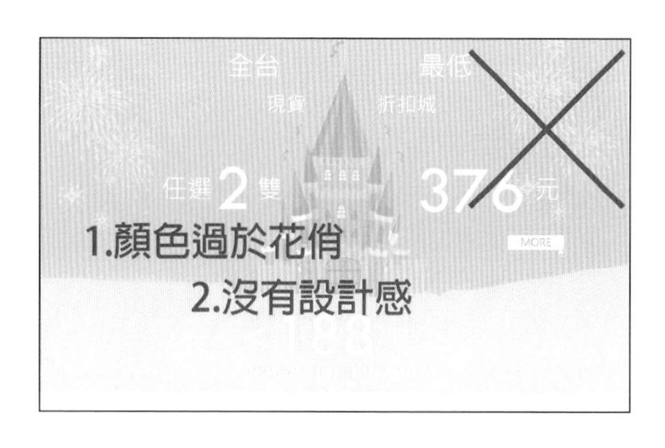

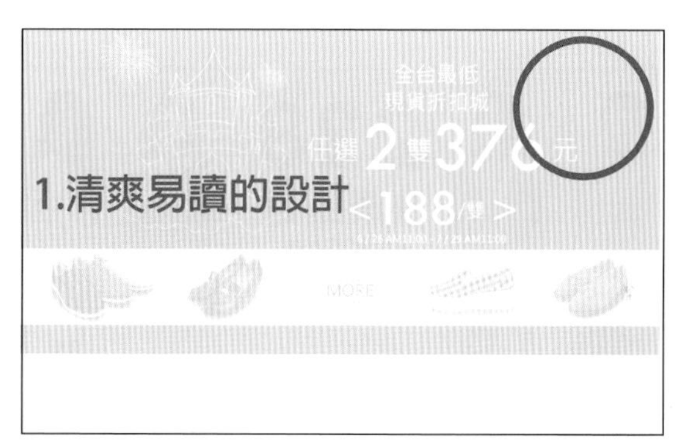

扁平化設計

扁平化設計的概念就是簡約，被廣泛應用在圖形用戶界面中，強調去除多餘的圖像元素，用極簡的線條、排版和色彩去表現的設計風格，讓畫面看起來更為流線、簡單、平順，有使用扁平化設計的包含微軟Windows 8、ios7、Instagram等。

扁平化設計的重點：色彩、色塊和對比的應用，排版技巧，圖像極簡風格等。

3-25 視覺
228快樂連假

哪張圖片比較符合「228快樂連假」主題？

2

會設計與好設計 Part 1

以示範圖中打叉的那張來說，如果只是單純談設計方面，配色、排版、文字、模特、文化石牆壁的素材等，技術層面都是沒有問題的，但文案和圖片卻沒有關係，畢竟文案雖寫著「快樂連假」，但圖片卻是模特穿搭和文化石的元素，實在是讓人想像不到和出遊有什麼關係。所以要塑造「出遊感」應該是像打圈的示範圖，用各種剪影元素去包裝這份228連假的主題，這就是「會設計」與「好設計」的細節差別。

3-26 視覺 現貨立即出貨

哪張比較符合「現貨立即出貨」的主題？

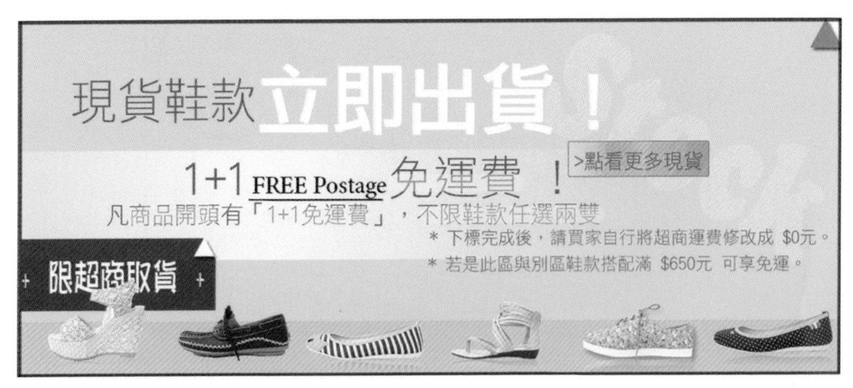

1

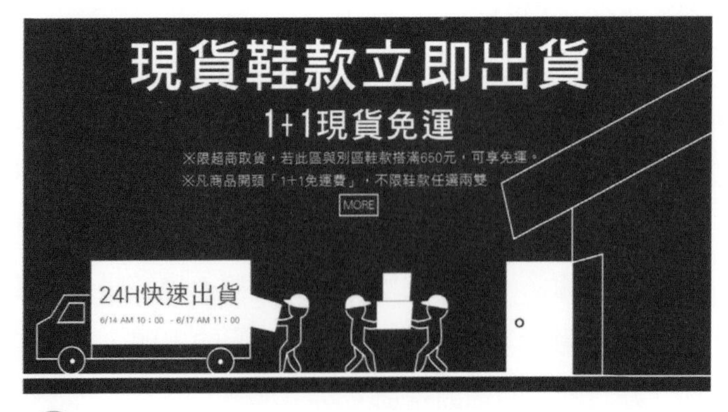

2

會設計與好設計 Part 2

前面闡述過扁平化設計，這邊不再多做說明。要讓消費者有「現貨快速出貨」的感受，那就必須意象化，把「搬貨的過程」演示給消費者看，除了能吸引眼球之外，對主題的感受也比打叉那張圖片還深刻。

3-27 視覺 收納

哪張圖片較具有「收納」的震撼力？

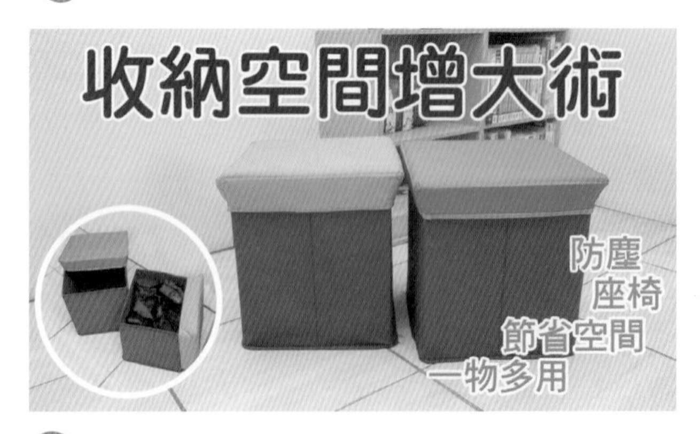

2

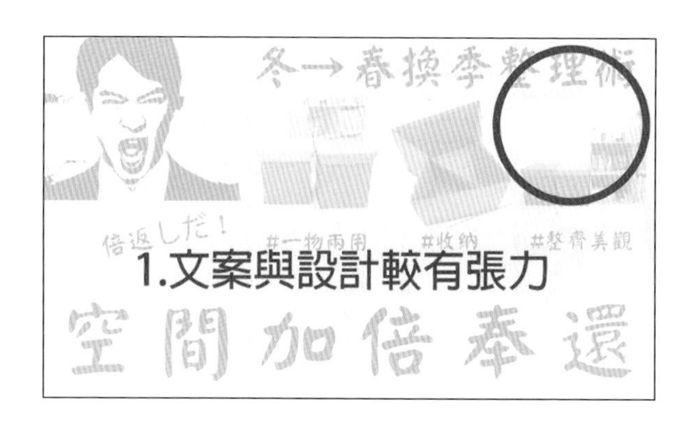

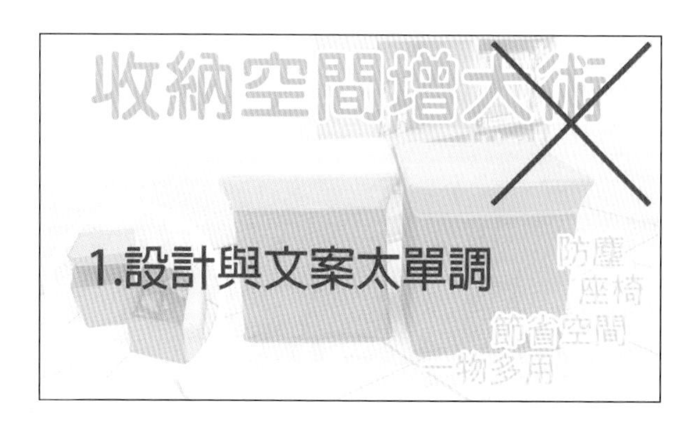

時事梗

除了自己用各種元素去塑造主題風格之外，也能拿流行的時事梗來做主題，讓消費者有共鳴，時事梗當然要選擇大眾都知曉的主題，準確來說，只要那個時事有被新聞拿出來報導都可以運用。例如當年的日劇《半澤直樹》、網路影片《藍瘦香菇》等，都可以拿來運用，當然有牽扯到政治的部分就不建議使用。

3-28 視覺 現代設計

哪張圖片較符合現代設計？

1

2

減法設計 Part 2

春天會聯想到花朵、花瓣與鮮艷的色彩，主題不是要呈現商品，只是要強調85折的話，就能用色塊與簡易的線條去表現春天的氛圍，明亮的色彩、清晰的排版更符合春天來臨的氣氛。

3-29

視覺

字體符合主題

哪張圖片的字體比較符合主題？

1

2

會設計與好設計 Part 3

所有的設計元素一定要融入在一起，如示範圖，既然背景是黑板，文案的字體當然要有粉筆字的效果，才能讓消費者感到更貼切。另外，假設背景是草地，文字也能做成草地的效果。

3-30 視覺 板式風格

哪張「板式風格」較具有動態感？

1　2

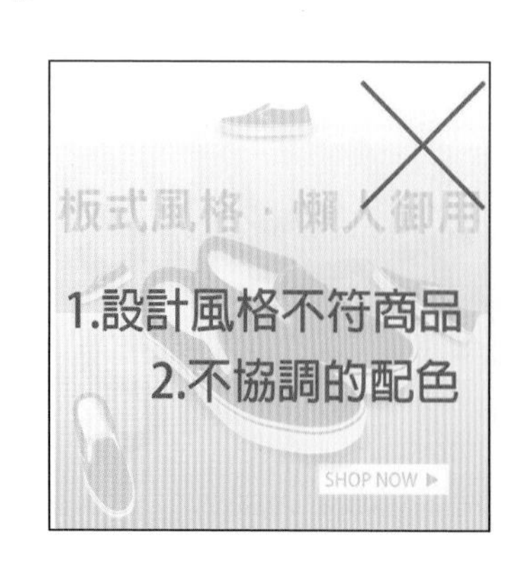

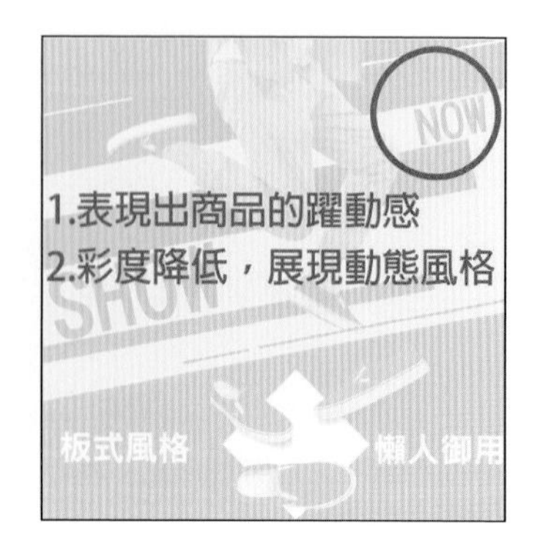

模特兒的肢體展現

如上頁示範圖，兩張圖片的表現就差異非常大，不管用再多的設計元素，也比不上直接請模特兒表現商品特性。以下示範圖就是要把握表現各種商品的特性並且用模特兒加以表現。

▲ 讓模特抓起褲子的邊緣，表現商品的剪裁。

▲ 商品特性是休閒款，讓模特伸展肢體展現輕鬆活潑的模樣。

◀ 商品定位的市場鎖定為小資女，讓模特兒表現的較為成熟穩重端莊。

3-31 視覺 廣角鏡

哪張「廣角鏡」的Banner較能吸引消費者的眼球？

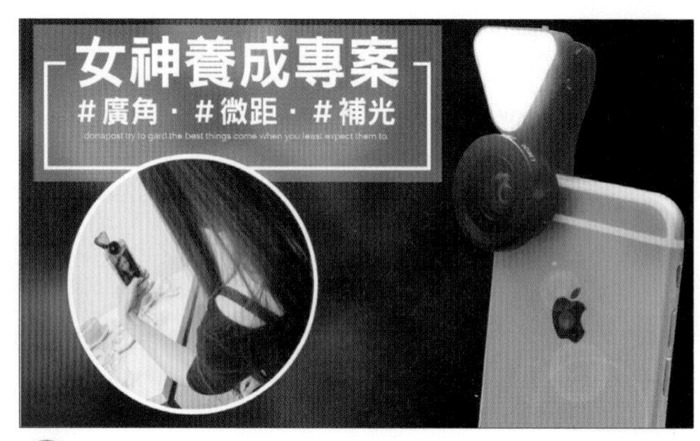

①

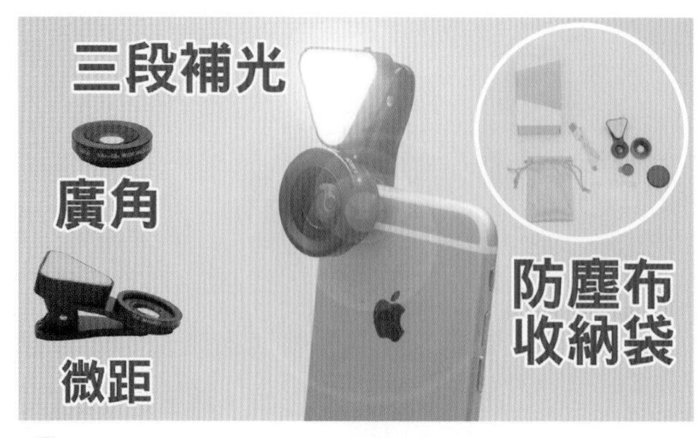

②

焦點不要放在商品上

以前的民生用品大多就只是一般的供需買賣，隨著時代變化，市場的買賣已經不是這麼單純的供需，連販賣民生用品的店家都要品牌化，注入行銷，刺激需求，不要只是一直自誇商品功能多好、規格多棒，反而是要製造購買需求，讓消費者知道「我爲什麼要買這樣商品」、「好處在哪」。

就像本節廣角鏡的例子，打叉的示範圖只是一直誇商品的好處，打圈示範圖標題則是直接下「女神養成專案」，消費者一下子就會被「女神養成專案」的標題吸引，心裡想著「養成專案是什麼？」、「原來自拍、直播的網美就是用這支廣角鏡啊？」、「如果我買了就能像模特兒一樣自拍」。

4 作者自身經驗分享

4-1 作者自身經驗分享 H&J時尚美鞋

如何讓網店快速起步

本範例適合對象：剛起步的賣家、網拍新手。

作業人數：1～2人。

網店本身為女鞋中盤商，貨源是與台灣的製鞋工廠批發而來，另外也有和專門做對岸批發的經銷商進貨，MIT的商品約占70%，剩下的進口商品約占30%，批發的下游通路只有街邊店。

所以要另外開啓網路通路，此網店的優勢就在於款式多樣，而且利潤空間比一般的零售商還大。

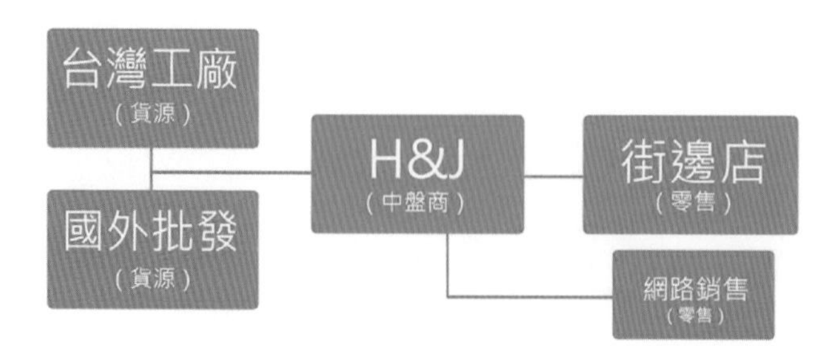

開始接手時，此網店渾身破綻，LOGO太俗氣、視覺風格不統一、購物流程與店內規則說明不清、無行銷活動帶動買氣、商品內頁沒有質感。而視覺銷售的宗旨就在於，要讓200元的商品看起來有600元的質感。

SWOP分析

優勢

- 商品款式多樣化

劣勢

- 沒有品牌定位、商品在市場曝光率過低

機會

- 剛起步還能重新規劃與定位

威脅

- 鞋子商品需要試穿才能增加客人的購買意願

首要就是先換掉網店LOGO，重新定位網店風格，確定商品走向是平價與快時尚，所以風格可以設定清新、簡單。

用綠色和白色爲基底，給人平易近人又時尚的感覺，英文字母J變成鉤子勾一雙鞋子，增加網店「賣什麼」的辨識度。

定位品牌風格、改變LOGO增加辨識度。

第二階段就是做店內的行銷活動，拿幾款過季商品做低價促銷，帶動店內買氣。接著用網店首頁Banner來做商品風格的分類，讓顧客一進到網店，在幾秒鐘內就吸引住他們的目光。就像把虛擬的網店當做實體的百貨公司一樣，顧客一通過落地窗後，就有各式各樣的促銷活動、販售樓層，快速的引導顧客到他們想要去的地方。

布局完畢後，接著就是跑行銷活動，想搶平台的曝光量就要購買平台廣告，畢竟不是自架網站，需要曝光還是必須依賴網路平台。

可購買版位

版位名稱	價格	剩餘／可購名額	每人限購數	購買數量	已購金額
P1_大F		2 / 2	2	0 ▾	--
P1_skyad		1 / 1	1	0 ▾	--
P1_bigA區		11 / 11	4	1 ▾	
P1_右四格_搶先注目		0 / 0	0	已額滿	--
P1_420x250之2		1 / 1	1	0 ▾	--
P1_420x250之3		1 / 1	1	0 ▾	--
P1_bigB區		16 / 16	4	0 ▾	--
P1_superA區		3 / 3	3	0 ▾	--
P1_300x250之3		1 / 1	1	0 ▾	--
P1_superB區		5 / 5	5	0 ▾	--
P1_300x250之2		1 / 1	1	0 ▾	--
P1_右四格_搭配小物		0 / 0	0	已額滿	--
P1_右四格_流行焦點		0 / 0	0	已額滿	--
P1P2_賣家列表		17 / 17	1	0 ▾	--

總計： 元

本次活動聯絡人的資料（* 為必填）

* 聯絡人：

* Email：

* 電話或手機：

即時通訊：

☑ 我同意《Yahoo!奇摩「活動廣告」購買辦法》

請注意：送出後即等同購買，往後無法取消所購買的版位

▲ 可購買版位

只要事前作業準備充足，基本上效益就會馬上出現。

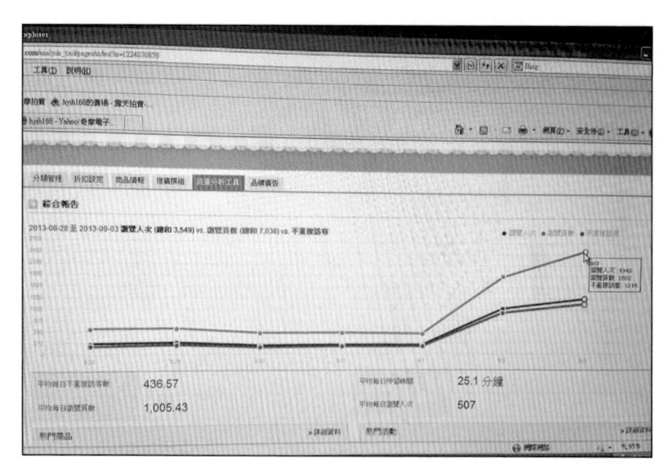

▲ 流量分析綜合報告

把握每次顧客問與答的機會。通常鞋店最常接收到的問題就是，問某款的顏色和尺碼是否還有現貨、鞋子的版型偏大還是偏小。這時候除了回答顧客的問題之外，也能另外說明，此鞋款的特色適合做什麼樣的風格搭配，使顧客產生一種親切感，不要讓他們感覺像是收到罐頭訊息，藉此增加購買意願，也添加商品額外的價值，這就是價值行銷。

用良好的服務與親切感經營顧客。

▲ 正面評價百分比：100.00%

▲ 人氣賣家列表

再來就是回收階段，按照原先的方式不斷循環，慢慢增加自己的銷售量，從原本兩天賣一雙鞋，到平均每天出貨二十雙鞋，而過年前的銷量更是兩倍以上。

市場有反應持續幾個月後，就被網路平台注意到，入選爲銀牌人氣賣家，讓網店更上一層。

通常從0→1這個過程是最艱辛的，只要找對方法打穩基礎，成長速度就會越來越快。

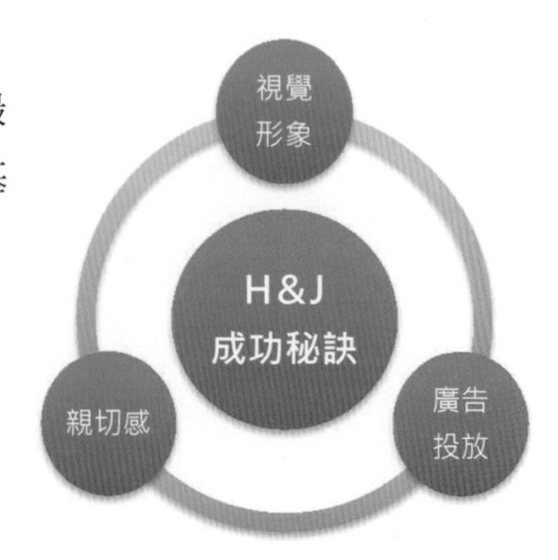

4-2 作者自身經驗分享 MA女鞋專賣店

網路店家月入將近百萬的祕密

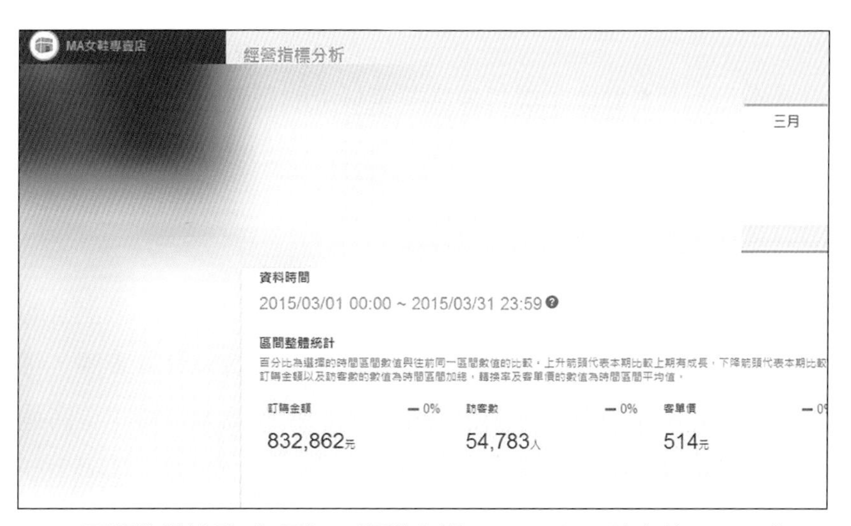

▲ 區間整體統計（3月）：訂購金額832,862元、訪客數54,783人

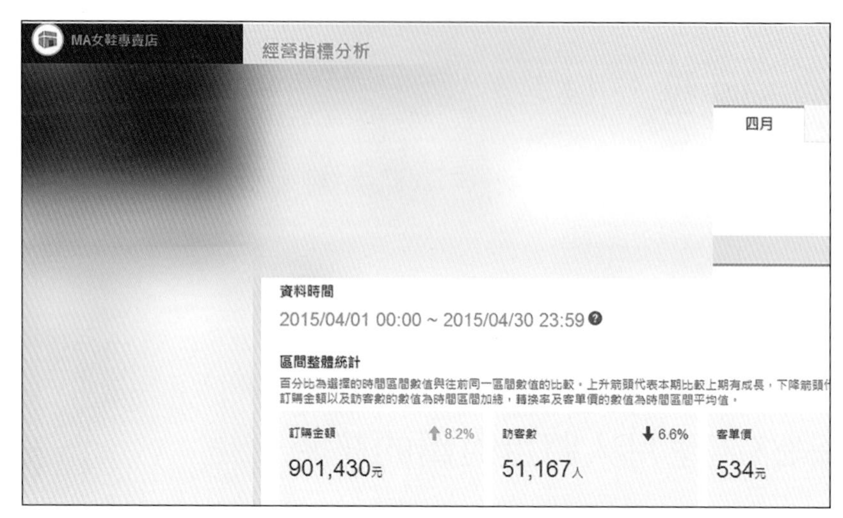

▲ 區間整體統計（4月）：訂購金額901,430元、訪客數51,167人

本範例適合對象：經營網店一年以上的賣家、正要從「價格戰」轉爲「網路品牌」的賣家。

作業人數：3～4人。

這個說明的範例，就並非中盤商、零售商了，而是最上游的製鞋工廠，有專業的打版師、製鞋師父，擁有各種製鞋資源，每季都會固定推出新款，將新品放給下游的中盤商，下游也會將過季的商品退還給工廠，萬一也沒有其他的下游廠商要，那過季商品就只能面臨被捐出去或是整批丟掉的命運。製鞋工廠有充足的貨源，但卻沒有通路。

所以此工廠就決定開始自行經營網路通路，利用本身台灣製造與現貨供應的優勢。

一開始接手MA女鞋專賣店時，鞋款的目標受眾年齡層明明約在18～30歲左右，視覺風格卻非常像廉價大賣場，沒辦法第一眼吸引年輕人的目光。網店首頁的Banner也通通都是特價活動，新品占30%、特價商品占55%、其他占15%，簡單來說就是一個虛擬的大型女鞋暢貨中心。這間網店本身已經營一年以上，所以我們不選擇另外開闢一條道路走，反而是去加強原本的特色。

▲ 視覺風格像虛擬的大型女鞋暢貨中心

SWOP分析

優勢

- 擁有 MIT 在地生產技術、價格優勢、貨量充足

劣勢

- 款式較少、品牌風格老氣

機會

- 找到目標受眾，占領平價市場

威脅

- 怕對岸來搶攻平價市場

一開始一樣要先從視覺風格改變，就算是特價品，也不能只有特價品的質感，不要讓顧客有買特價品的感覺，反而是要把質感做出來，給顧客一種心理暗示「居然花一點點錢就能買到這麼有質感的東西，CP值眞高！」

在品牌故事方面，要強調鞋款都是台灣製造，讓顧客感到安心，對商品有信任度，增加對品牌的忠誠度。

不管是新品或是過季商品，都有快速出貨的優勢，所以要訓練內部人員的積極性，只要客人下單，就用最快速度出貨，另外因爲自家就是工廠，也提供鞋子的修繕服務，達到服務行銷。

加強品牌優勢，創造服務價值。

另外要調整的是商品售價，將所有商品的價格調整比原本高約一、二成，依照新品和過季商品的項目不同，給予不同的優惠，但重點在於要以量制價，只要單筆的購買數量越多，享有折扣就會越低，讓顧客拼命找人一起團購。每週還推出過季商品的零碼鞋款，只要銅板價格就能購入，讓顧客每個星期都會定時來看本週又推出了什麼樣的零碼商品。除了享受到產品的高品質之外，也能享受非常平價的優惠，這就是使用低價行銷。

提高單品售價，但只要兩雙以上就有團購優惠。

在產品的說明部分，一樣延續價值行銷的手法。

最後達成了口碑行銷，如有位女網友在Dcard的女孩版，分享本網店的商品，強調出貨相當快速、鞋子平價之外，完全有超乎想像的質感，也拍攝自己實穿的照片供大家參考。商品本身就是專攻18～30歲左右的女性顧客，此部分市場的客群大都是學生、剛出社會的新鮮人，還不屬於高收入的階段，所以在天時地利人和的情況下，像是被火燒到一樣，引起許多網友討論和分享，這間網店的名號立刻病毒式的傳播開來。https://www.dcard.tw/f/girl/p/110787830（網友分享，轉貼自Dcard）；https://disp.cc/b/733-9en3（網友分享，轉貼自PTT）。

要擺脫價格戰就是要定位品牌，鎖定自己的市場，抓住客群。

國家圖書館出版品預行編目資料

網路商品銷售王：買氣紅不讓的行銷策略與視覺設計 / 陳志勤著. -- 初版. -- 臺北市：書泉, 2018.06　面；　公分
ISBN 978-986-451-119-8(平裝)
1.網路行銷 2.視覺設計 3.廣告文案
496　　106024041

3M81

網路商品銷售王：買氣紅不讓的行銷策略與視覺設計

作　　者－陳志勤
發 行 人－楊榮川
總 經 理－楊士清
總 編 輯－楊秀麗
主　　編－高至廷
責任編輯－許子萱
封面設計－姚孝慈
出 版 者－書泉出版社
地　　址：106 台北市大安區和平東路二段 339 號 4 樓
電　　話：(02)2705-5066
傳　　真：(02)2706-6100
網　　址：http://www.wunan.com.tw/shu_newbook.asp
電子郵件：wunan@wunan.com.tw
劃撥帳號：01303853
戶　　名：書泉出版社

總 經 銷：貿騰發賣股份有限公司
電　　話：(02)8227-5988　傳　　真：(02)8227-5989
網　　址：www.namode.com
地　　址：23586 新北市中和區中正路 880 號 14 樓

法律顧問　林勝安律師事務所　林勝安律師

出版日期　2018 年 6 月初版一刷
　　　　　2019 年 7 月初版二刷
定　　價　新臺幣 380 元